2020年湖北省高等学校省级教学研究项目（2020201）资助
中国地质大学（武汉）本科教学工程项目（ZL202055）资助

YEJIN GUOCHENG ZIDONGHUA JISHU
SHIXI SHIJIAN JIAOCHENG

# 冶金过程自动化技术实习实践教程

安剑奇　陈略峰　胡　杰　杜　胜　编著

中国地质大学出版社

图书在版编目(CIP)数据

冶金过程自动化技术实习实践教程 / 安剑奇等编著. —武汉：中国地质大学出版社，2025.7.—(中国地质大学(武汉)自动化与人工智能精品课程系列教材).—ISBN 978-7-5625-6276-4

Ⅰ.TF01-45

中国国家版本馆 CIP 数据核字第 20250C3D11 号

| | | | |
|---|---|---|---|
| 冶金过程自动化技术实习实践教程 | | 安剑奇 陈略峰 胡 杰 杜 胜 **编著** | |
| 责任编辑：张 林 | 选题策划：张 林 | | 责任校对：张咏梅 |

出版发行：中国地质大学出版社(武汉市洪山区鲁磨路388号)   邮编：430074
电   话：(027)67883511   传   真：(027)67883580   E-mail:cbb@cug.edu.cn
经   销：全国新华书店   https://cugp.cug.edu.cn

开本：787mm×1092mm 1/16     字数：243 千字   印张：9.5
版次：2025 年 7 月第 1 版        印次：2025 年 7 月第 1 次印刷
印刷：武汉市籍缘印刷厂

ISBN 978-7-5625-6276-4              定价：55.00 元

如有印装质量问题请与印刷厂联系调换

# 目　　录

第一章　绪　论 ……………………………………………………………………… 1
　　第一节　钢铁生产主要工艺过程及主要控制问题 ………………………………… 1
　　第二节　钢铁生产过程中的信息化与自动化技术 ………………………………… 6
　　第三节　生产实践实习任务 ………………………………………………………… 15
　　思考题 ………………………………………………………………………………… 17
　　主要参考文献 ………………………………………………………………………… 17

第二章　烧结矿生产过程典型自动控制系统及其应用 ………………………………… 19
　　第一节　烧结生产过程工艺 ………………………………………………………… 19
　　第二节　混合水分控制方案设计与实现 …………………………………………… 21
　　第三节　点火过程控制方案设计与实现 …………………………………………… 26
　　第四节　烧结终点控制方案设计与实现 …………………………………………… 29
　　思考题 ………………………………………………………………………………… 34
　　主要参考文献 ………………………………………………………………………… 34

第三章　焦炉炼焦生产过程典型自动控制系统及其应用 ……………………………… 36
　　第一节　炼焦生产过程工艺 ………………………………………………………… 36
　　第二节　焦炉火道温度控制方案设计与实现 ……………………………………… 40
　　第三节　焦炉集气管压力控制方案设计与实现 …………………………………… 45
　　第四节　干熄焦全自动运行控制方案设计与实现 ………………………………… 49
　　思考题 ………………………………………………………………………………… 54
　　主要参考文献 ………………………………………………………………………… 54

第四章　高炉炼铁过程典型自动控制系统及其应用 …………………………………… 56
　　第一节　高炉炼铁生产工艺 ………………………………………………………… 56
　　第二节　高炉煤气利用率预测方法 ………………………………………………… 59
　　第三节　高炉热风炉温度控制系统 ………………………………………………… 64
　　第四节　炉顶压力控制与余压发电系统 …………………………………………… 70
　　思考题 ………………………………………………………………………………… 77
　　主要参考文献 ………………………………………………………………………… 77

# 第五章 炼钢及连铸生产过程典型自动控制系统及其应用 ········ 79
## 第一节 炼钢及连铸过程生产工艺 ······································· 79
## 第二节 炼钢终点控制系统 ············································· 82
## 第三节 精炼炉合金加料控制系统 ······································· 88
## 第四节 结晶器液位控制系统 ··········································· 96
## 思考题 ····································································· 102
## 主要参考文献 ······························································ 103

# 第六章 冷轧过程典型自动控制系统及其应用 ························ 105
## 第一节 冷轧生产过程工艺 ············································· 105
## 第二节 冷轧过程板带张力控制 ········································ 110
## 第三节 冷轧过程板形预测方法 ········································ 116
## 第四节 冷轧过程板形板厚控制 ········································ 120
## 思考题 ····································································· 126
## 主要参考文献 ······························································ 126

# 第七章 工业企业信息化技术及典型案例 ······························ 128
## 第一节 铁前信息大数据系统设计 ······································ 128
## 第二节 钢铁生产全流程智能协同管控系统设计 ······················ 135
## 思考题 ····································································· 144
## 主要参考文献 ······························································ 144

# 第一章　绪　论

钢铁工业是现代工业体系中的基础性产业,产品广泛应用于工程机械、能源装备、汽车制造等核心领域,是全球工业化进程中的关键支柱。在过去的一百多年中,钢铁工业实现了飞速发展,无论是产值、产品结构,还是工业技术都有了前所未有的提高。进入21世纪,钢铁仍然是现代化工业体系的基础原材料,钢铁产量是衡量一个国家综合国力和工业水平的重要参考指标。

自动化技术是现阶段钢铁工业中不可或缺的部分,是钢铁工业变革的重要驱动力量,能够有效地提高钢铁工业流程的效率、质量和生产水平。研究钢铁工业过程的智能化、信息化和自动化技术,打造科技水平高、经济效益好、环境污染低的自动化生产路线,对钢铁工业的发展至关重要。

## 第一节　钢铁生产主要工艺过程及主要控制问题

当前,我国的钢铁企业大多采用传统"烧结—炼铁—炼钢—轧钢等"长流程生产工艺,该工艺具有高效率、可大批量生产钢材的优点。钢铁工业生产流程如图 1-1 所示,整个流程可以分为铁前炉料制备、高炉炼铁、转炉炼钢、连铸和轧钢等。

在钢铁生产过程中,通过各工序环环相扣与紧密衔接,保障了钢铁生产过程的高效、稳定运行。烧结过程将矿粉烧结成适合入炉的烧结矿。炼焦过程生产出高炉炼铁所需的焦炭,焦炭既是还原剂又是燃料,其品质直接影响高炉冶炼效率与铁水质量。烧结矿、焦炭和其他辅料从上部布入高炉,与下部送入的高温空气进行反应生成铁水。高炉生产出来的铁水经转炉粗炼后,再进入精炼炉进一步处理,成为满足特定要求的钢水。精炼后的钢水再经铸造和轧制过程,形成钢材。通过这一系列的生产过程,最终将铁矿石变成人类生活和社会生产所需的各种各样的钢铁制品。钢铁生产过程的控制问题主要涉及各工艺环节的优化与协同,涵盖工艺过程建模、控制策略设计、生产调度优化等方面。随着生产规模和复杂性的不断提升,钢铁行业通过深度融合自动化与人工智能技术,将有力推动产业进步。

1. 烧结生产过程及主要控制问题

烧结生产过程是钢铁工业重要的铁前关键工序,生产的烧结矿是高炉炼铁的主要原料,其质量与产量直接影响炼钢成本与经济效益。烧结生产过程包括配料、混合与制粒、布料、

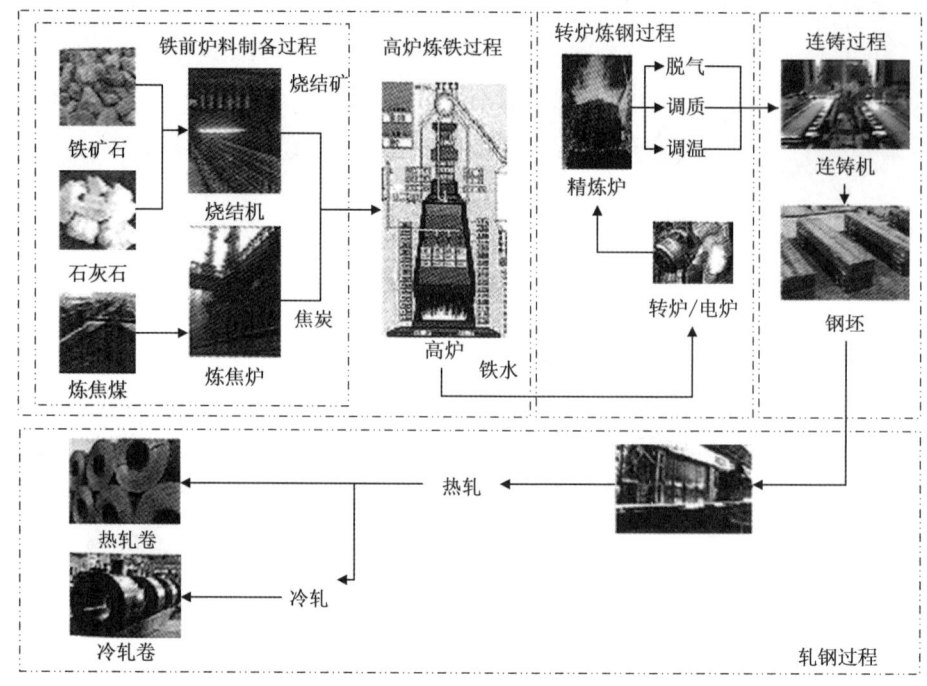

图 1-1 钢铁工业生产流程图

点火、抽风烧结、破碎筛分等工序。

在配料阶段,来自料厂的多种铁矿石粉按预定比例进行首次配料混合,形成成分较为均衡的中和粉,作为后续工艺的基础物料;中和粉被运送到烧结配料仓后与熔剂、焦炭和返矿等物料进行第二次配料,得到混合料。配料过程中的原料成分和比例控制至关重要,配比不当可能导致烧结过程中烧结温度场不均匀或反应速率波动,同时配料设备的控制精度不足,易导致运行稳定性下降。

制备好的混合料通过输送皮带送入圆筒混合机,并加入适量水,确保混合料充分湿润并呈粒状。粒状物有助于提高料层的透气性,从而提高烧结反应的效率。混合料的含水量需要严格控制。含水量过高会导致粒状物黏结,影响透气性;含水量过低则不利于粒状物形成,影响烧结效果。

布料过程中料层厚度均匀性和透气性需要精确控制,铺料不均或透气性差会影响烧结过程中气流的分布,导致烧结过程不稳定和成品质量不佳。

将混合料均匀铺设在烧结台车上后,依次进行表面点火和抽风烧结。点火炉通过燃烧混合煤气点燃台车中混合料表层;在台车下部抽风机形成的负压作用下,表面燃烧的热量向下传递给料层,促使烧结反应在台车中自上而下进行。产生的废气通过风箱和主烟道,经脱硫、脱硝处理后排放。同时,台车从烧结机前端移动至尾端,并将冶炼完成的烧结矿送入环冷机进行降温。其中,表面点火过程的气体流量和气压控制至关重要,混合气体的流量不稳定或点火强度过高、过低都会影响烧结反应的均匀性和点火效果。而抽风烧结过程的风量、风压和温度控制也是关键,抽风不均匀可能导致燃烧不完全或气流不畅,影响烧结效果。

表面点火和抽风烧结工序完成后，需对烧结矿进行破碎筛分处理，烧结矿块依次经过破碎、冷却、筛分等工序处理。筛分后的矿块分为大成矿和小成矿，其中大成矿作为成品烧结矿用于高炉冶炼，小成矿则作为返矿返回配料工序继续烧结。此外，在破碎和筛分过程中，需要精确控制粒度，过大的颗粒会影响冶炼效率，过小的颗粒则可能导致物料浪费。

2. 炼焦生产过程及主要控制问题

炼焦生产是在高温、隔绝空气的条件下，通过煤的干馏制备冶金焦炭的工艺过程。在炼焦过程中，煤被加热到约1000℃，煤中的有机质和一部分矿物质会被分解成气体，生成焦炭、煤气、焦油等化学产品。冶金焦炭具有高强度、低挥发分、优良的导电和耐高温性能，是高炉炼铁的主要还原剂和热源。炼焦生产包括备煤、装炉、干馏、出炉和产品处理等环节。

备煤是炼焦生产的第一步，涉及煤的筛选、配比和处理等过程，直接决定焦炭的质量。首先，煤料需要经过筛选和破碎，确保粒度在适当范围内，避免过大或过小的煤块影响炭化效果；其次，根据目标焦炭的质量要求，合理搭配不同煤种，以达到高强度、低灰、低硫等要求。其中煤料的粒度控制和配煤比例的合理性至关重要。若粒度过大，可能导致干馏时加热不均匀；若配煤不当，则可能影响焦炭的强度和化学组成，导致质量不稳定。

配制好的煤料通过装煤设备送入焦炉炭化室。在装炉过程中，确保煤料均匀分布是关键，避免在干馏过程中出现局部过热或加热不足的现象，确保煤料的均匀炭化。此外，装炉后还需要通过机械压实以提高煤料密度，减少气孔率，从而优化干馏效果，提升焦炭的质量和产量。其中装炉过程中的煤料均匀性和压实程度需要严格控制，若煤料分布不均，可能导致干馏时温度不均，进而影响焦炭的产量和质量。

干馏是炼焦的核心工艺，煤料在炭化室内经历了从低温脱水到高温挥发和焦化的转变。在此过程中，煤料中的挥发分分解，产生焦油和煤气等副产品，同时煤的固态部分逐步转化为焦炭。干馏通常需要12～20h，以确保煤料充分转化并获得理想的焦炭强度和热值。其中，干馏过程中的温度控制至关重要，温度过低可能导致焦化不完全，过高则会引起焦炭过度烧损或破碎。同时，也需要精确把控干馏时间，以确保煤料完全转化并获得高质量的焦炭。

炭化完成后，通过推焦机将炭化室内的焦炭推入熄焦车进行冷却。熄焦方法通常有湿法和干法两种。湿法是用水直接喷淋焦炭，虽然能够快速冷却焦炭，但容易导致焦炭强度下降；干法则利用惰性气体冷却，同时能回收余热，提高能源利用效率。冷却后的焦炭具有较高的强度和耐磨性，可以直接用于冶金生产。

出炉焦炭需经筛分、破碎等工序实现粒度分级，适宜的粒度分布可保证焦炭在冶炼过程中的反应效率和抗碎强度。炼焦过程中产生的煤气经过净化处理后可作为燃料或化工原料使用；焦油则可通过分离提取出苯、酚等化学品。其中焦炭的筛分和破碎工艺需要精确控制，以确保粒度分布符合要求；同时副产品的回收与处理也需要精细控制，以提升净化和分离过程的效率及副产品的质量。

### 3. 高炉生产过程及主要控制问题

高炉是炼铁过程的核心设备,在高温、高压的密闭环境中,通过一系列复杂的物理化学反应将铁的氧化物还原为熔融状态的生铁。在高炉的整个炼铁过程中,精确控制工艺参数是确保冶炼效果和生产效率的关键。

首先,高炉上部布料系统主要包括高炉原料预处理和料流控制两个关键环节。铁矿石和焦炭是主要原料,进入高炉之前需要经过筛分、配比和称重等处理,经过处理的料块通过皮带输送系统被运至高炉顶部,在料罐中称重,然后通过料流调节阀和旋转布料溜槽将原料定量分布到炉料表面。操作员根据设定的工艺参数,将焦炭和铁矿石等物料分批、定量地布置到高炉上部的指定环状区域。其中原料的筛分、配比和称重过程需严格控制,任何配比不当都会影响炉内反应的稳定性和铁水质量。同时,料流调节阀和布料系统的精确控制也是至关重要的,料流量的波动可能导致炉料分布不均,影响冶炼效率。

其次,高炉下部送风系统主要由热风供给系统和煤气生成系统组成。高炉底部的热风炉通过鼓风机将空气加热至 1200~1300 ℃,然后通过多个风口送入炉内。这些热风不仅提供足够的氧气供焦炭燃烧,还可以提高炉内温度,保证化学反应所需的热能充足。焦炭与氧气反应生成大量的煤气,这些煤气在底部鼓风压力的作用下,通过逆流穿过料层,与上方的炉料充分接触。在这一过程中,煤气中 CO 与铁氧化物发生还原反应,逐步去除铁矿石中的氧气,形成铁水。同时,炉料逐渐软化、收缩并最终熔融,生成铁水和炉渣。其中热风温度和风量的控制至关重要,过低的温度或风量不足会导致焦炭燃烧不完全,炉内温度降低,进而影响矿石还原反应效率。

最后,导出铁水、炉渣和高炉煤气,积聚在炉底的铁水和炉渣通过出铁口流出,铁水供后续钢铁生产使用,炉渣可用作建筑材料等;高炉内生成的煤气通过炉顶导出,经过净化处理后,部分可以用于高炉自身的能源供应,剩余的煤气可用于其他工艺或设备的使用。其中铁水和炉渣的及时排放是保证高炉反应持续进行的关键。高炉煤气的流量控制也需要精确管理,以确保煤气回收和利用的效率。

### 4. 转炉炼钢生产过程及主要控制问题

转炉炼钢是一种通过高压将氧气吹入铁水中,使铁水发生氧化反应,从而去除铁水中的杂质,获得符合要求的钢水的工艺过程。转炉炼钢的特点是不依赖外加能源,而是依靠铁水本身的物理显热和铁液组分间的化学反应产生的热量,高效、快速地生产出质量合格的钢水,并为后续的铸造或轧制提供原料。

将完成脱硫等预处理的铁水和废钢一起投入转炉中,用氧气喷枪向铁水中吹入纯氧,进行脱碳和脱硅等反应。其中投入铁水和废钢的比例及其温度需精确控制,加入的废钢量过多或过少都会影响钢水的温度,进而影响后续氧化反应的效率。

在吹氧过程中,氧气与铁水中的杂质(如碳、硅、磷、锰等)发生剧烈的氧化反应,生成的氧化物与铁水中的杂质结合形成炉渣。氧化反应不仅去除了铁水中不需要的元素,还释放了大量的热量,维持了炉内的高温环境。高温环境促进了废钢的融化,并使炉内的其他反应得以有效进行。在此过程中,碳是主要的脱除元素,通过与氧气发生反应生成 $CO_2$ 或 CO 气体。此外,需要精确调节吹氧时间和氧气的流量,以防止反应过度导致钢液过热或炉渣中夹带过多的氧化物。

氧化反应结束后,炉内的温度和钢液的成分需要进一步调整。为了去除铁水中的残留氧,脱氧剂被加入到钢水中,促使残余氧气与脱氧剂反应生成氧化物。与此同时,根据需要调整钢水的成分,加入合金元素来改善钢的性能,满足不同钢种生产的要求,将经过成分调整后的钢水从转炉倒入钢包中,送往下一生产环节。其中脱氧剂和合金元素的添加量与添加时间必须精确控制,过量的脱氧剂可能导致过多的炉渣生成,影响钢液质量;而脱氧剂添加不足则可能无法有效去除钢水中的氧,影响钢的韧性和硬度;合金元素的准确定量会影响钢材的品质。

5. 连续铸造生产过程及主要控制问题

连续铸造过程(以板坯铸造为例)是将炼钢工序生产的合格钢水通过钢水中间包引入结晶器,钢水在结晶器中迅速冷却形成外部固态钢壳,随后进入二次冷却区,在喷淋冷却系统作用下进一步冷却并完全凝固。凝固后的铸坯经矫直、剪切和表面处理后,可按要求切割成定尺钢坯。

连续铸造过程开始时,炼钢工序生产的合格钢水被倒入钢包中,通过钢水分配器分配成若干股,每股钢水被引导进入不同形状的结晶器中。结晶器通过水冷等措施使钢水由外向内冷却凝固,冷却速率需要精确控制,过快或过慢的冷却速率都会影响铸坯的质量。若速度过快,可能导致铸坯表面裂纹;若速度过慢,则可能导致铸坯表面不均匀,影响后续拉拔和轧制过程。

当铸坯从结晶器流出后,进入弧形铸道,并在这一过程中接受二次冷却。二次冷却区通过喷淋冷却系统对铸坯进行持续冷却,确保铸坯的凝固过程顺利进行,防止铸坯表面温度过高导致表面缺陷或温度过低导致表面裂纹。冷却过程不仅要保证铸坯表面凝固均匀,还要控制内部的热应力,避免铸坯因热应力不均而产生裂纹。此时,铸坯的拉拔速度需与冷却强度和钢液凝固速率相匹配,过快的拉拔速度可能导致表面裂纹,过慢的拉拔速度则影响生产效率和钢坯的质量。

在铸坯完全凝固后,钢坯经过矫直处理,消除弯曲或表面缺陷,确保铸坯的形状符合要求。矫直后的铸坯根据需要进行定尺剪切,分割成适当的长度。随后铸坯进入隧道均热炉进行加热,以确保其温度均匀且达到适合后续轧制的温度范围。均热炉通过缓慢传输钢坯,确保温度保持一致,防止温差过大而影响轧制质量。均热炉的温控系统精确调节炉内温度,避免钢坯过热或过冷。均热炉的温控至关重要,温度过高或过低都会影响钢坯的后续加工。过高的温度可能导致钢坯表面过度氧化,影响其力学性能;而温度过低则可能导致钢坯在轧制过程中出现表面裂纹或不均匀。

整个连续铸造过程不仅要求每个环节协调运作,而且要对温度、速度、冷却速率等多个因素进行精确控制,任何环节的失控都可能导致成品质量的下降或生产效率的降低。

## 6. 轧钢生产过程及主要控制问题

轧钢生产过程包括冷轧钢与热轧钢,这两者在生产工艺、应用和成品特性上有显著区别。热轧是将钢坯加热到高温,通过热轧机进行轧制,使钢坯具有较好的塑性和韧性。冷轧是在室温下对经过热轧后的钢材进行进一步的加工,通过冷轧机进行轧制,使钢材达到更精确的尺寸和更光滑的表面。

热轧是指钢坯从均热炉中出来后,进入热轧机组进行轧制。在这个过程中,钢坯的厚度和宽度会逐步被减薄并延展,直到达到规定的尺寸。为了确保轧制过程中钢坯的质量,钢坯表面会经过层流冷却处理,利用水流或空气流动进行快速冷却,确保钢材的均匀性和稳定性。冷却速度需要根据钢坯的厚度和材质特性精确调节,过快的冷却可能导致钢材表面出现裂纹,过慢的冷却则可能影响钢材的力学性能。

轧制后的钢材通过卷取机卷成热轧钢卷,并通过天车运输到成品库中储存,等待后续的加工或出货。热轧钢材广泛应用于船舶、汽车、桥梁、建筑、机械及压力容器等行业,具有优良的可焊接性。卷取过程中,张力控制非常重要,过高的张力可能导致钢卷断裂或表面缺陷,过低的张力则可能影响钢卷的质量和表面均匀性。

冷轧以热轧钢卷为原料,工艺流程如下:首先将热轧带钢进行酸洗,去除其表面覆盖的氧化铁皮。酸洗后的带钢进入冷轧工序,通过一系列轧制操作将带钢压缩至所需的厚度。冷轧过程中,带钢的塑性下降,其表面可能出现加工硬化现象,因此需要进行中间退火处理,以软化带钢并恢复其塑性。精确控制酸洗过程中的温度和酸液浓度至关重要,过高的温度或过高的酸浓度可能会对带钢表面造成过度腐蚀,过低的酸浓度则可能导致氧化皮去除不完全。

退火过程中的温度控制是关键,退火温度过高会导致带钢表面氧化或组织变化,温度过低则可能导致退火不完全,影响带钢的软化效果。同时,气氛的稳定性和纯度也直接影响带钢的表面质量和退火效果。因此,需严格控制退火过程中炉内温度和气氛,确保带钢表面保持光亮,并避免表面氧化。退火后的带钢具有较好的柔软性,为后续的轧制和加工提供了必要的条件,且无需再次进行酸洗。

由于冷轧带钢可能存在表面不平整或厚度不均匀的情况,需要进行平整处理,确保带钢表面光洁、厚度均匀。经过平整后,对带钢可以进一步进行剪切处理。对于成张交货的带钢,通常进行横切处理,而对于成卷交货的带钢,则可能需要进行纵切处理。冷轧带钢在轧制完成后,通常还需要进行最终退火,以进一步改善带钢的力学性能和表面质量。轧制精度的控制是冷轧带钢生产中的关键,轧辊间隙的微小偏差可能会导致带钢厚度的不均匀,甚至出现表面缺陷。

# 第二节 钢铁生产过程中的信息化与自动化技术

随着钢铁生产过程中对自动化和信息化需求的不断提升,近年基于信息化和自动化技术的钢铁工业过程检测、建模、预测与控制已成为行业关注的重点。目前,钢铁信息化与自动化控制系统正逐步完善,先进控制技术的应用也在快速发展。未来,钢铁工业将进一步融合机械、自动化控制、信息技术、传感与测试技术、电子技术、信号转换和微电子技术、人工智能技术等,推动钢铁生产过程的全面信息化、自动化、智能化发展。

## 一、钢铁企业的信息化与自动化系统结构

目前,钢铁企业基本完成了分级管理,逐步形成了信息化与自动化相结合的系统结构(图1-2)。钢铁企业实施的信息化与自动化控制系统通常由1～5层(L1～L5)构成。其中,第一层是单元自动化控制级L1,主要实现对设备的顺序控制、逻辑控制及进行简单的数学模型计算,按照先进控制和过程优化级的控制命令对设备进行相关参数的闭环控制,并根据基础自动化级指令对设备进行操作;第二层是先进控制和过程优化级L2,主要负责控制和协调生产设备性能,实现对生产的直接控制,针对生产调度和系统优化级下达的生产目标,通过数据模型优化生产过程控制参数;第三层是生产调度和系统优化级L3,负责协调钢铁的生产,合理分配资源,并负责完成企业管理和计划管理级下达的生产任务,针对钢铁生产中出现的问题进行生产计划调度;第四层是企业管理和计划管理级L4,负责履行企业的职能并计划和调度生产,同时负责日常的管理业务;第五层是企业经营决策生产规划级L5,主要完成销售、研究和开发管理等任务,并负责制订企业的长远发展规划、技术改造规划和年度综合计划等。

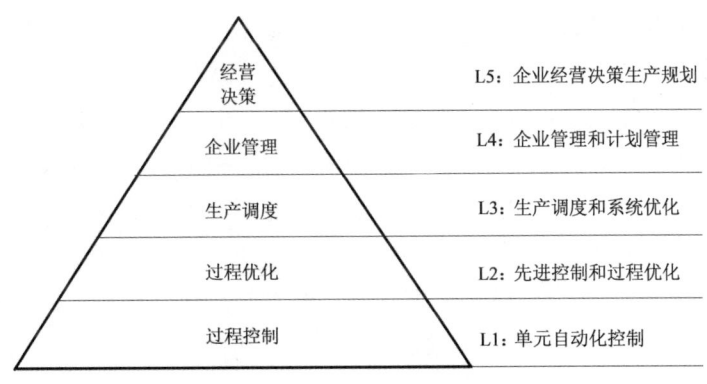

图1-2 自动化控制系统框图

1. 单元自动化控制级L1

L1是工厂自动化系统的基础部分,广泛分布在工业现场,负责实现生产设备的基础自动化控制功能。该层由现场检测仪表、执行机构,以及各类可编程逻辑控制器(programmable logic controller,PLC)等组成。

现场检测仪表和执行机构直接安装在钢铁工业中的重要设备上,如高炉、焦炉、轧机等。这些仪表包括温度、压力、流量、液位等传感器,用于采集生产过程中的关键参数。而执行机

构如阀门、机器、执行器等,则负责根据控制指令执行具体操作,如调节流体流量、开闭阀门、调整设备位置等。

PLC 控制系统则布置在工业现场的控制间或控制柜中,负责对现场设备进行逻辑控制和过程控制。PLC 通过与检测仪表和执行机构的信号交互,实现对工艺过程的监控与调节。PLC 不仅具有高度灵活的编程能力,还具备抗干扰、可靠性高等特点,适用于钢铁行业中复杂多变的生产环境。

通过现场检测仪表、执行机构和 PLC 控制系统的协调工作,L1 实现了钢铁工业生产过程的自动化和智能化,为更高层次的过程优化和生产管理提供了坚实基础。

### 2. 先进控制和过程优化级 L2

L2 包括操作员站、工程师站和服务器,通常由监控计算机来实现。监控计算机与 L1 通过通信实现数据交换。操作员站提供一个图形化用户接口,其功能包括钢铁各部分工艺流程图形显示、实时数据监视、系统硬件诊断状态显示、数据趋势文件归档、过程及系统报警、数据报表、操作指导、下达控制指令等,为钢铁工业现场不同层级的人员需求提供多视角信息界面,直观形象地展示各类设备的图形特点,在数据的支持下绘制历史变化曲线,将钢铁工业各部分设备的运行状态等进行综合展示,从而判断钢铁工业是否处于健康稳定的运行状态。

工程师站提供了系统开发和设计平台,主要功能包括系统硬件配置、联锁逻辑和控制策略编程、人机交互界面设计、监控计算机权限和功能管理、工程调试、系统诊断等。在实际系统中,工程师可对程序组态和画面组态进行上传、下载及修改等操作,可以对控制站进行配置。工程师站具有系统组态、编程、维护和记录工艺参数等功能,确保工艺过程参数和控制参数的准确传输与接收,保障 L1 和 L2 及生产流程的稳定运行。

服务器负责对系统数据进行集中管理和监视,包括报警、日志、事件记录、事件管理、故障捕捉与记录,并为操作员站(实时数据、事件信息、历史记录)和 L3 的数据请求提供服务。

L1 和 L2 构成了钢铁企业的基本自动化层,用于实现对控制装置的直接控制,包括串级、比值、均匀、分程、选择性和前馈等基本控制算法。硬件实现一般采用集散控制系统结构,该系统结构通常由检测与执行机构、控制器、操作员站、工程师站、数据服务器等经过系统集成构成,可满足钢铁工业安全、可靠运行的需求,如图1-3所示。

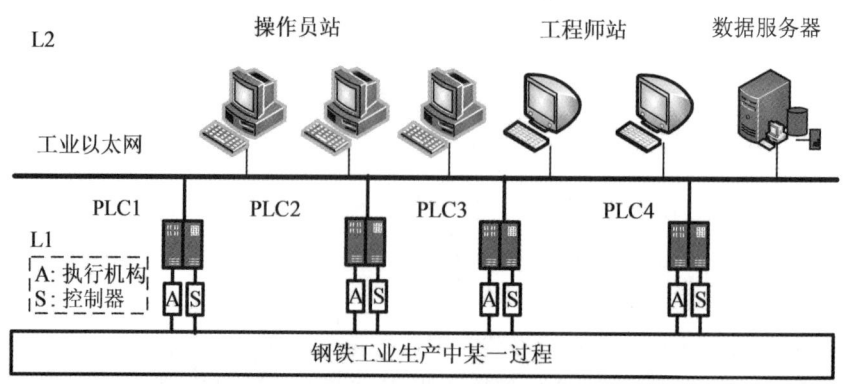

图1-3 钢铁生产工业中某一过程的 L1 和 L2 系统结构

### 3. 生产调度和系统优化级 L3

L3 是工厂自动化系统中的全厂级调度层,负责集成与协调分散于钢铁生产现场的多个设备和系统信息。这一层级实现数据的集中管理和综合分析,为企业的生产调度、运行优化和战略决策提供支持,提升企业整体运营效率,助力实现生产和经营目标,其主要功能包括数据集成与展示、运行监控与预测分析、企业决策支持以及系统集成与通信等。

数据集成与展示能力是将生产现场多种设备和系统信息集成到一个系统平台上,并生成可视化报表和图表,展示关键生产指标、设备状态和生产进度,管理人员可以借助这些报表快速掌握工厂的整体运行情况,从而做出及时、准确的决策,提升企业的生产管理水平。通过运行监控与预测分析能力可实时监控各部门和设备的运行情况,并基于历史与实时数据分析和预测设备故障、生产瓶颈、能耗异常等潜在问题,提前发出预警。L3 通过对生产数据进行深入分析,为企业提供翔实的决策支持信息,从企业全局利益出发,管理人员可借助这些信息进行生产计划调整、资源优化配置及成本控制等工作。系统集成与通信功能通常在监控计算机上实现,并通过通信网络与全厂级管理计算机进行数据交互,进一步提高企业运营的协同性与透明度。

L1、L2 和 L3 构成 DCS 系统,如图 1-4 所示。DCS 运行系统以 L3 工厂调度服务器为中心,调度多个钢铁工业生产中的 L2,实现不同生产过程的分散控制与集中管理。

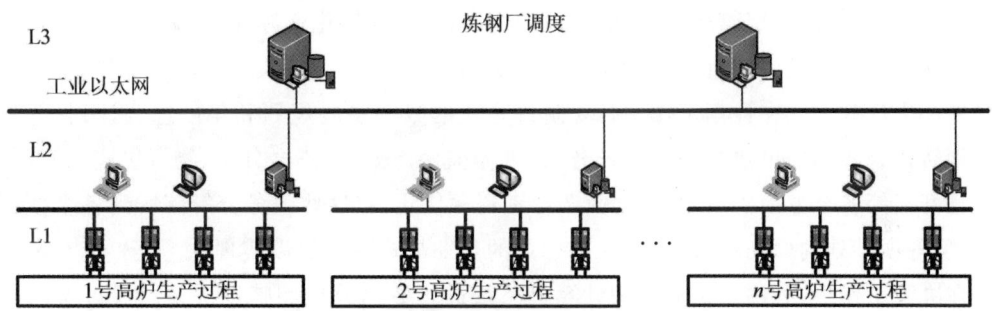

图 1-4 以某炼铁厂多个高炉为例的生产调度系统结构

### 4. 企业管理和计划管理级 L4

L4 是企业管理系统中的重要层级,专注于生产计划的细化和执行,连接企业的战略规划与现场执行。L4 的核心职能是将企业的整体生产目标转化为具体、可执行的计划,按月分解生产任务,并将任务分配到各分厂、车间或生产装置,通过高效的资源调度和生产协调,确保企业的生产活动在全厂范围内达到最佳平衡与优化。

L4 负责生产计划的细化与分解,将年度或季度的总体生产计划分解为月度、周度甚至日度的具体任务。这些任务会被进一步细化并分配到各个车间和生产装置,以确保生产计划能够在每个层面得到精准执行,避免因资源分配失衡引发的生产瓶颈与设备过载。此外,L4 还负责全厂调度与资源优化,调度管理是实现生产均衡的重要手段。通过全公司范围内的调度,L4可以协调不同分厂的生产进度,优化物料流转和设备使用,从而提高生产线的整体效率。系统根据各车间的实际运行情况动态调整资源配置,如人力、设备、原材料和能源等,确保单位资源能够创造最大生产效益。

L4能够进行实时监控与数据分析,以全公司调度计算机为硬件基础,通过实时采集生产数据,实现生产进度和设备状态的全面监控;系统对关键数据进行深度分析,及时发现潜在问题,如生产计划的偏差、设备故障风险或资源使用不均等。基于数据驱动的监控分析能力,使管理人员能够实时掌握生产全局态势,并采取必要措施进行调整。L4能够提升全厂生产效率与灵活性,通过有效的计划分解、资源优化和实时监控,确保生产按计划高效执行,同时增强企业的灵活性。

5. 企业经营决策生产规划级L5

L5是企业管理系统中的最高层级,负责从战略高度进行生产经营的规划和决策,统筹全公司资源与市场需求,以实现企业的长远发展目标。这个层级的核心任务是制订全面的企业发展规划和年度综合计划,结合生产、资金流动、物流管理、供销渠道及人力资源的优化,确保企业运营的高效和可持续性。

企业经营管理涵盖资金运营管理、物流的流转与存储管理,以及供应链管理三大领域。保障资金链稳定性和物流运转效率,能够为生产提供必要的支持,同时保证产品的销售渠道畅通。生产管理方面,L5需要统筹全公司的生产计划,并优化资源配置,确保各生产环节的高效衔接。人文管理则注重员工的激励与发展,建立和谐的企业文化和工作环境,提升员工积极性和生产效率。在计划工作中,L5制订企业的战略发展规划和年度综合计划,并将这些计划转化为各部门可执行的具体任务,计划涵盖生产安排、资金分配、物资供应、销售战略和市场开拓等各个方面。L5通过全面调度和资源优化,将这些任务分解落实到各个生产单元,确保各项计划的顺利执行,从而保障企业的长期战略目标得以实现。

在决策工作中,利用全企业管理计算机系统进行数据分析和辅助决策。通过实时收集和分析生产、市场、资金等方面的数据,L5能够为企业管理层提供精准的决策支持。这一层级不仅帮助公司高层做出生产调度和资源配置的决策,还能够从全厂角度进行战略优化,确保生产和经营活动的整体协调,减少瓶颈,提升企业的整体运行效率。在战略规划中,该层级通过市场需求分析、行业发展趋势分析及竞争态势分析,帮助企业制订中长期战略规划。这些规划包括对现有生产布局的优化、新产品的研发计划及市场开拓策略的调整,确保企业能够在多变的市场环境中保持竞争力。通过这样的市场导向,L5有助于推动企业的持续创新和扩展,提高市场占有率。

综上所述,钢铁工业过程自动化控制系统的核心是信息的采集、处理和加工。来自基本控制级的直接测量信息,经过浓缩处理及加工后变成高级控制中不可测变量的估计信息以及车间核算信息和工况信息,这些信息经统计、分析和汇总后送到调度级和管理级,再经深度加工后进入决策级作为企业领导决策的依据。只有将控制系统和管理系统进行有效集成,钢铁工业自动化控制才能够完全体现,从而充分发挥自控系统的作用。

## 二、钢铁工业过程的主要自动化控制技术

钢铁工业过程的复杂化、大型化趋势对该过程中建模、控制和优化技术提出了更高的要求,主要包括以经典控制和现代控制理论为指导的传统控制技术,结合控制理论、仪表、计算机、计算机通信与网络等相关学科的智能系统技术等。

1. 钢铁工业过程建模技术

近年来,很多钢铁工业控制领域的研究学者通过机理建模、数据驱动建模等方法,从多尺度、多层次、多维度揭示了操作参数、状态参数与关键指标的关联关系,实现了关键状态参数的高精度软测量,为过程调控提供了科学指导。

机理建模预测通常基于生产过程的数学描述,通过分析钢铁工业过程涉及的物理特性、化学特性、能量守恒、物料平衡等机理,推导出关键指标的发展趋势。如根据炉壁附近的温度和压力等边界数据,可估算高炉内部的温度分布及煤气流分布;通过研究焦粉颗粒的燃烧过程,明确其在烧结机中着火、燃烧速率及燃烧区域分布等关键特性。然而,机理建模通常需要详细的理论知识及过程参数的精确测量,导致从系统动力学角度描述此类工业过程的机理建模方法存在局限性和不匹配问题,从而在工程应用中受到限制。

数据驱动建模方法通过利用大量历史过程数据来揭示冶炼数据之间复杂的关系,其高效性和便捷性备受学术界关注,如神经网络建模、支持向量机建模、模糊建模等方法均能够以很高的精度拟合线性和非线性数据,广泛应用于高炉铁水硅含量、煤气利用率(gas utilization rate,GUR)、烧结过程碳效率、烧结终点等钢铁工业过程关键参数的建模与预测。由于单一神经网络模型无法与钢铁工业复杂过程相匹配,因此将机理分析与多源数据驱动模型相结合的方法是更可取的。例如,研究学者通过从机理和数据两个层面挖掘出高炉炼铁过程的多个时间尺度,在不同的时间尺度对煤气利用率、综合焦比等关键参数子序列进行独立建模与优化的方法更贴近于高炉炼铁工艺,具有更高的精度。此外,通过结合模糊聚类、即时学习、子空间辨识等技术分别建立不同工况下的神经网络子模型,提升了数据模型对复杂非线性时变钢铁工业过程的适应与泛化能力。

近年来,随着深度学习和大模型技术的快速发展,越来越多的研究开始探索其在高炉生产过程中的应用,尤其是在关键指标的智能预测方面。研究人员尝试利用深度神经网络构建端到端的预测模型,以实现对高炉运行状态的精准感知与调控。例如,长短期记忆网络(long short-term memory,LSTM)能够有效挖掘高炉工艺参数间的长期与短期依赖关系,在铁水硅含量、温度波动等指标预测中表现出色;门控循环单元(gate recurrent unit,GRU)在时空特征提取方面具备较高效率,适用于高炉多传感器数据融合建模;图神经网络(graph neural network,GNN)则可建模高炉各单元之间复杂的物理耦合关系,有助于提升煤气利用率和热效率预测的准确性。

此外,Transformer 类模型凭借其自注意力机制,能够动态分配不同变量的权重,捕捉长期依赖信息,在高炉操作参数预测、异常检测与故障预警等任务中展现出广阔的应用前景。

## 2. 钢铁工业过程控制技术

钢铁工业过程的传统控制方法主要包括单回路闭环控制、串级控制、前馈控制和比值控制等。单回路闭环控制是钢铁工业中一种常见的控制方式,用于精确调节和保持某一工艺参数的稳定。通过实时监测被控制变量的反馈值(如温度、压力等),控制系统根据设定值与实际反馈值之间的差异自动调整执行器,形成闭环控制。例如,相关学者在高炉或加热炉的相关研究中,通过温度传感器实时监测炉内温度,并将测量结果反馈给控制系统,如果实际温度偏离设定值,控制器会根据反馈信息自动调整燃料或空气的供应量,以确保炉温始终保持在预定范围内。通过这种方式,单回路闭环控制能够有效控制温度变化,提升生产过程的可控性和钢材的质量。

串级控制是用于钢铁工业过程某些复杂工艺过程的控制方法,通常用于控制那些具有多个受控变量且相互依赖的系统。主回路的控制器根据设定值与反馈值之间的误差进行调整,副回路的控制器则在主回路调整的基础上,实时修正细节,提升钢铁生产过程的精度与效率。例如,相关学者采用串级控制调节烧结过程中的温度,主回路的控制器根据烧结机出口的气体温度与设定温度的偏差调整燃料或空气的供应量,以保持烧结温度的稳定;而副回路则负责细化温度控制,调节烧结机内各个不同区域的温度,通过调整局部风口的燃料或空气供应量的比例,确保各区域的温度均匀分布。单回路闭环控制和串级控制的控制器设计通常采用 PID 控制器,其结构简单、鲁棒性强、使用方便且易于操作,被广泛应用于钢铁工业过程控制系统中。

前馈控制在钢铁工业中也是一种常见的控制方法,在外部扰动发生时就采取措施进行调节。前馈控制通过监测可能影响工艺参数的扰动因素(如原料成分的变化、燃料供应波动等),预测其对系统的影响,并提前进行调整,以减少或消除扰动的负面影响。例如,相关学者在高炉炼铁过程中,检测到投入的矿石含碳量发生变化,前馈控制系统可以提前调整风口的空气供应量,以保持炉温和冶炼过程的稳定。通过前馈控制,钢铁工业过程能够更快速地响应环境变化,减少过程波动,提高生产效率和产品质量。

在钢铁工业过程中,比值控制是确保关键工艺参数稳定性和产品质量的重要手段。例如,通过实时监测和调节高炉中煤气流量与风量比例、烧结配料中燃料与熔剂比例、炼钢过程中铁水与废钢比例等,能够优化反应条件,提高资源利用率,降低能源消耗和污染排放。不合理的比例可能导致高炉炉况异常、烧结矿质量下降或钢水成分偏差,从而影响整个生产链的效率和产品性能。

## 3. 钢铁工业过程数据驱动控制

目前,借助于人工智能和数据驱动技术,不少学者直接利用实际工业生产的输入输出数据,建立面向控制的数据驱动智能控制模型,并对钢铁工业关键过程进行数据驱动预测控制,为钢铁工业关键过程的监测与调控提供了有效的解决方法。

间接数据驱动预测控制,即基于实际生产输入输出数据建立控制对象的数据驱动模型,然后采用不同方法进行控制器的设计,目前多种模型预测控制已成功应用于钢铁工业过程关键指标控制中。例如,研究学者将混合建模与控制技术相结合,分别利用带遗忘因子的递归子空间识别、带有外源输入的非线性自回归模型建立铁水质量在线预测模型,并将其用于铁水质量指标预测控制器的设计,在时变操作条件与恶劣环境下实现更稳定可靠的控制性能;针对板形控制中反馈大滞后和钢板批量频繁切换的问题,研究学者提出了一种智能控制策略,将板形预测结果引入预测控制器中,采用智能优化方法计算最优控制参数,实现了板形的最优控制。

间接数据驱动预测控制基本都是利用大量离线数据进行训练建模,模型确定后将其用于在线预测并丢弃建模所用的数据,当模型失配或工况变化时,该类控制模型的应用效果会大打折扣。针对上述问题,专家学者对局部即时学习的自适应预测控制进行了深入研究。比较每个时刻工况点输入输出数据与历史输入输出数据集的相似程度,将相似程度高的数据样本构成建模学习子集,并选择回归方法学习子集中的数据样本即可得到局部模型,之后利用建立的局部模型进行输出预测,并成功应用于高炉铁水硅含量的预测控制领域。此外,一类直接数据驱动控制的方法衍生了直接利用被控系统的输入输出数据甚至融合知识来设计控制器,有效缓解了不精确数学模型的制约。例如,研究学者提出了一种基于卡尔曼滤波的鲁棒无模型自适应预测控制方法,并提出一种基于紧格式动态线性化的多变量扩展无模型预测控制方法应用在多元铁水质量控制上,得到了冷风流量、富氧、压差、喷煤等关键操作的最优控制序列。上述无模型直接数据驱动预测控制的研究仍处于起步阶段,在钢铁过程关键指标控制中具有广阔的应用前景。

## 三、钢铁工业自动化技术发展趋势和挑战

钢铁工业的自动化技术正朝着智能化、信息化、网络化、数字化方向演进,呈现更高开放性、更优安全性、更绿色高效的发展趋势。未来钢铁工业自动化技术面临的困难与挑战主要包括以下几个方面。

1. 基于人工智能与大数据的复杂过程高精度控制方法

在钢铁工业过程中存在非线性、时变性、强耦合、数学模型未知或难以准确建模、现代控制理论发展与实际应用不协调等问题,从钢铁工业过程控制的特点与需求出发,基于人工智能和大数据技术,探索对模型精度要求不高且能实现高质量控制的新型控制方法是重要的研究方向。基于人工智能和大数据技术的控制方法往往具有建模方便、能够处理庞大的数据量且不需要深入了解过程的内部机理等特点,能够为复杂过程控制提供新的思路和实现路径。

2. 钢铁工业生产全流程、全生命周期、多环节协调协作的控制方法

传统的控制往往重点在某一个生产环节或者某几个参数的控制,这种控制方法能很好地解决小回路、局部的控制问题。虽然具备多回路集中协调管控与分层递阶的集散控制系统已被广泛应用,能够对部分钢铁工业过程进行集中的管理和控制,但是还远远不能满足钢

铁工业过程全部工艺过程的优化、协调、控制及回溯的需求。因此,针对当前钢铁工业过程不断向大规模、连续化、集成化方向发展的趋势,研究生产过程全流程、全生命周期、多环节协调协作控制是钢铁工业过程控制的重要发展方向,实现各个环节互联互通、互相协作的目标,从而达到生产全过程的全局和全生命周期的最优化。

### 3. 面向钢铁工业生产的数字孪生系统

对工业生产过程及其复杂物理化学反应理解不透彻、缺乏可靠测试和验证环境、控制效果无法有效呈现等是目前工业生产控制系统研究的重要难题。近几年,数字孪生技术快速发展,其利用物理模型、传感器更新、运行历史等数据,集成多学科、多物理量、多尺度、多概率分析技术,能够实现实体在虚拟空间中的完全映射,反映实体装备的全生命周期过程。因此,应用虚拟映射建模、3D可视化、三维交互虚拟现实平台等手段构建钢铁工业对象的数字孪生系统,开发开放、共享、统一的钢铁工业控制系统平台,能够实现多尺度、多层次、多流程的高精度建模,先进优化控制方法的有效测试与验证,以及实时交互的沉浸式无损虚拟呈现,解决钢铁工业过程控制系统"难理解""难实验""不可见"等问题,这是钢铁工业过程控制的重要发展方向之一。

### 4. 面向钢铁工业过程控制的云—边—端网络化架构

一方面,虽然现有分布在钢铁工业现场的底层控制器具有很好的快速性和实时性,但是由于能耗、价格、体积等因素的限制,现场控制器的计算与处理能力有限,不适于运行对算力要求较高的复杂控制与优化算法;另一方面,云计算技术的应用大大提高了复杂算法的计算速度,使得在钢铁工业过程实时控制中应用先进控制方法成为可能。因此,为了更好地利用现场控制器的实时性和云计算的快速性,需要深入研究面向钢铁工业过程控制的云—边—端网络化架构。云—边—端网络化架构中的"云"负责进行大规模计算;"端"负责现场的实时检测与控制;"边"用以连接"端"和"云",既可以把"端"实时运算的数据传送给"云",又能够将"云"的计算结果传输给"端",实现"云"与"端"的协调管理。该结构既能够保证钢铁工业现场控制的实时性与快速性,又能够在云上运用基于人工智能和大数据技术等需要大算力的先进方法,使得系统更加灵活与智能,这也是钢铁工业过程控制发展的重要方向之一。

### 5. 开源共享的先进钢铁工业软件

随着钢铁工业过程不断向大规模、连续化、集成化方向发展,钢铁工业软件的重要程度越来越高。而现有钢铁工业软件大多存在通用性与开源性不好、适用性局限等问题,不能满足现有钢铁工业过程发展的需求。因此,未来随着计算机技术、控制技术、人工智能与大数据技术等的快速发展,钢铁工业软件会贯穿研发、生产、管理、销售等全流程。钢铁工业现场对于软件和算法的多样性、先进性、容错性和更新迭代速度的要求越来越高,钢铁工业软件将会朝着智能化、柔性化、低代码化等方向不断发展,开源共享的软件也会越来越多。

## 第三节　生产实践实习任务

为深化自动化类专业本科生对实际复杂工业流程及其控制系统的实践认知,实习围绕实际钢铁工业过程展开系统性学习。实习为期两周,要求学生在遵守安全规范的前提下完成以下任务。

1. 深入了解钢铁企业的生产流程和自动化系统设计需求

通过参观生产现场、观看设备运转流程、聆听工程技术人员讲解工艺原理等方式,引导学生全面系统地了解现代钢铁企业的生产流程,涵盖从原材料进厂到成品出库的全流程工艺链条,具体包括焦化、烧结、炼铁、炼钢、连铸、轧制等关键环节,通过认识各工艺单元的功能与作用,增强对现代钢铁工业的技术复杂性和自动化水平现状的认识。

2. 掌握自动化控制系统及测控技术的应用

随着自动化技术在现代钢铁工业中的深入应用,钢铁生产过程日益趋于高效、稳定与智能化。实习要求学生系统学习并掌握钢铁生产中常见的自动化控制系统设计及其实际应用,具体包括以下几个方面。

自动化系统认知与操作实践:了解可编程逻辑控制器(programmable logic controller,PLC)、分布式控制系统(distributed control system,DCS)、数据采集与监控系统(supervisory control and data acquisition,SCADA)等在钢铁工业中的典型应用场景与功能特性。通过实际操作与案例学习,使学生掌握这些先进系统在数据采集、信号处理、远程状态监测及实时控制中的核心作用。

关键工艺参数检测与传感器技术:深入了解钢铁生产过程中对温度、压力、流量、成分等关键参数的实时检测方法,掌握常用传感器(如热电偶、压力变送器、激光测厚仪等)的工作原理与应用技巧,提升学生对工业现场检测技术的感知与应用能力。

先进控制方法及其工程应用:了解并掌握在钢铁制造中广泛应用的控制策略,如 PID 控制、模糊控制、自适应控制等。通过重点学习其在典型生产环节中的应用实例,如炉温控制、顶压调节、轧制厚度控制与冷却系统优化等,增强学生理论知识向工业实践的转化能力。

通过以上内容的学习与实践,引导学生初步建立起现代自动化技术在钢铁生产全流程中的系统认知,并提升运用工程技术手段解决实际复杂问题的能力。

3. 了解现代智能化控制系统及数字孪生平台的应用

随着钢铁行业加速迈向智能制造,智能化控制系统与数字孪生技术正成为提升生产效率与优化工艺流程的关键手段。引导学生深入理解智能钢铁工厂的核心技术架构与应用实践,具体包括以下几个方面。

智能控制系统的构建与应用:学习智能控制系统的基本架构,重点了解工业物联网

(industrial internet of things,IIoT)在实时数据采集与处理中的作用,掌握人工智能(artificial intelligence,AI)在辅助决策和生产优化中的典型应用,以及边缘计算技术在提升数据处理效率与响应速度方面的实际价值。

数字孪生技术在钢铁生产中的应用:接触数字孪生平台在钢铁工业过程中的建设方法,使学生了解如何通过虚拟仿真对钢铁生产全过程进行建模与动态映射,进而实现设备运行状态的实时监控、生产过程的智能调度、工艺参数的优化控制及潜在故障的预测与预警。

通过对上述智能制造关键技术在实际钢铁工业领域应用的了解与学习,使学生初步具备面向智能工厂的系统思维与工程实践能力,为深入从事智能冶金与工业智能化相关工作及研究打下坚实基础。

4. 培养学生"发现问题—分析问题—解决问题"的能力

在了解关键钢铁冶金工序的基本原理与流程的过程中,鼓励学生主动观察、深入思考,引导学生跳出"被动参观"的模式,以一名准工程师的视角去观察、去提问、去怀疑,主动识别钢铁生产中的异常现象和潜在问题,如产线设备异常、工艺参数波动、质量控制偏差等,提高学生主动发现问题的能力,为后续提高分析能力与创新思维打下基础。

此外,分析问题是连接现象与本质的关键环节。在实习过程中,通过对工艺参数的跟踪与数据的整理分析,以及对设备运行状态、操作流程和生产环境等多维因素的综合研判,结合科学原理知识,鼓励并引导学生运用科学的方法和系统的思维对问题进行深入剖析。从表象出发,层层递进,培养学生从实际现象提炼抽象关键科学问题的素养,提高学生的工程逻辑能力。

解决问题是工程实践的最终落脚点。在深入分析问题的基础上,引导学生利用科学原理并采用科学方法初步解决复杂工程问题,鼓励学生提出具有可行性和创造性的解决方案,提高学生利用恰当的工具、技术、资源实现所提出的解决方案并检验其效果的能力,同时增强结合实际现场条件进行评估与优化的意识。通过锻炼学生工程设计与方案论证能力,使学生切实体验到知识转化为实践的过程,真正实现"理论—实践—反馈"的闭环贯通。

5. 提高学生对工程与社会关系的认知

为提高学生对工程技术与社会发展之间关系的认知,本次实习从宏观视角强调钢铁工业在国家基础设施建设、制造业升级及绿色低碳转型中的重要作用,并带领学生深入生产一线,使学生体会到工程决策对能源消耗、生态环境破坏及社会可持续发展的深远影响,增强学生对"技术服务社会、工程造福人类"的责任意识。此外,本次实习通过介绍企业在智能制造、安全管理和碳减排方面的社会责任,进一步培养学生的人文社会科学素养,引导学生在工程实践中遵守工程职业道德与规范,引发学生对未来工程师角色的深入思考,增强学生社会使命感,拓宽学生综合视野。

6. 提高学生沟通与团队合作能力

实习期间,学生通过了解关键钢铁冶金工序的基本原理与流程,认识到钢铁生产是一个复杂的系统工程,涵盖跨部门、跨学科的紧密协作,鼓励学生在未来"多学科背景"下的科研工作中承担不同的角色与任务,并通过与技术人员、工程师的沟通交流,增强学生团队合作能力,提高学生在跨文化背景下清晰表达自身观点与回应指令的能力,提高职业素养,锻炼自身在实际工程环境中的沟通与协调能力。

## 思考题

1. 简述钢铁工业焦化、烧结、高炉炼铁等关键流程的工艺。

2. 实习期间观察到哪些废气、废水或固废处理技术(如除尘系统、余热回收)？试评估其环保效果,并提出进一步降低碳排放的可行方案。

3. 记录炼钢厂中使用的自动化设备(如 PLC 控制系统),分析其对生产效率和质量稳定性的提升作用。你认为未来哪些环节可进一步引入 AI 技术？

4. 如何理解数字孪生技术在钢铁生产中的价值？它和传统模拟技术有何区别？请结合实例简要说明。

5. 结合"碳中和"背景,分析炼钢厂面临的挑战(如能源结构转型)。若你未来从事钢铁行业,你希望聚焦哪个技术方向？请说明理由。

6. 作为实习生,你如何快速适应炼钢厂的工作环境(如噪声、高温)？请总结与工人、工程师沟通协作的经验,并反思自身需提升的技能(如实操能力、行业知识)。

## 主要参考文献

安剑奇,郭云鹏,张新民,等,2024. 高炉炼铁过程智能感知、诊断与控制方法的研究现状与展望[J]. 冶金自动化,48(2):2-23.

陈奇福,吴敏,安剑奇,等,2010. 模糊 PID 控制在高炉炉顶压力控制系统中的应用[J]. 冶金自动化,34(2):10-14.

吴敏,曹卫华,陈鑫,2016. 复杂冶金过程智能控制[M]. 北京:科学出版社.

易诚明,周平,柴天佑,2020. 基于即时学习的高炉炼铁过程数据驱动自适应预测控制[J]. 控制理论与应用,37(2):295-306.

AN J, YANG J, WU M, et al., 2018. Decoupling control method with fuzzy theory for top pressure of blast furnace[J]. IEEE Transactions on Control Systems Technology, 27(6):2735-2742.

AN J, SHEN X, WU M, et al., 2019. A multi-time-scale fusion prediction model for the gas utilization rate in a blast furnace[J]. Control Engineering Practice, 92:104-120.

DU S, WU M, CHEN L, et al., 2022. Operating performance improvement based on prediction and grade assessment for sintering process[J]. IEEE Transactions on Cybernetics, 52(10):10529-10541.

HU J, WU M, CHEN L, et al., 2022. Weighted kernel fuzzy C-means-based broad learning model for time-series prediction of carbon efficiency in iron ore sintering process[J]. IEEE Transactions on Cybernetics,52(6):4751-4763.

LIU C,LI J,LI Y,et al.,2024. Denoising multiscale spectral graph wavelet neural networks for gas utilization ratio prediction in blast furnace[J]. IEEE Transactions on Neural Networks and Learning Systems,36(6):1-15.

ZHOU P,ZHANG Y,XIE J,et al.,2021. Data-Driven monitoring and diagnosing of abnormal furnace conditions in blast furnace ironmaking:An integrated PCA-ICA method[J]. IEEE Transactions on Industrial Electronics,68(1):622-631.

# 第二章 烧结矿生产过程典型自动控制系统及其应用

烧结过程生产的烧结矿是高炉炼铁的主要原料。随着铁矿石的开采，天然富矿在产量和质量上已无法满足高炉冶炼的要求，而铁品位高的矿粉和贫矿经选矿后得到的精矿粉不能直接入炉冶炼，这使得烧结生产成为钢铁冶炼中不可或缺的工序。过程参数的稳定是保证烧结矿质量和产量的前提。混合料水分、点火温度和烧结终点是重要的过程参数，它们的稳定性直接反映烧结热状态的好坏。因此，实现烧结过程参数的稳定控制，对提高烧结矿质量与产量、降低能耗有重要的意义。本章主要介绍烧结生产过程工艺，分析研究背景与现状。在此基础上设计烧结过程控制系统结构，并介绍3个典型烧结过程控制方案的设计与实现，包括混合水分控制、点火过程控制和烧结终点控制。

## 第一节 烧结生产过程工艺

铁矿石烧结是高炉炼铁的原料制备工序，包括抽风烧结和球团烧结两种不同的生产工艺。抽风烧结过程是将铁矿石原料、熔剂、燃料和烧结循环利用物按照一定的比例，配成粒度合适的混合料，然后偏析铺在烧结机台车上，在燃料燃烧供热、混合料不完全熔化的状态下烧结成块。烧结过程的生产目标是获得成分合适、还原性强、透气性好、粒度组成合理，并且具有一定尺寸和机械强度的烧结矿或球团矿，以满足高炉熔炼的要求。

钢铁生产普遍采用带式抽风烧结方式。在抽风烧结机的正下方有两排风箱，风箱下方的抽气机连续抽取风箱内的空气，使空气自上而下穿透物料层，最后从风箱排出。目前大部分烧结企业采用的烧结机的有效面积通常为$360m^2$。烧结过程工艺流程图如图2-1和图2-2所示。烧结过程主要包括混合制粒、点火、烧结、冷却等几个步骤。配料过程主要是将铁矿石粉与燃料（焦粉）、返矿、熔剂（石灰石和白云石）混合，最终形成混合料。向混合料中加水，经过一次和二次混合制粒，形成粒度均匀、水分适宜且符合尺寸要求的混合料粒。混合料粒的合理分布对提高料层的透气性至关重要。

在二次混合时，混合料会经过蒸汽预热，以提高其初始温度。经过混合加水的混合料粒由传送带运送至混合料槽。另外，为了防止粒度小的混合料粒被风箱吸走，混合料粒在烧结机台车上按照从上至下逐渐增大的方式进行分布，由九辊布料机实现。同时，为了保护台

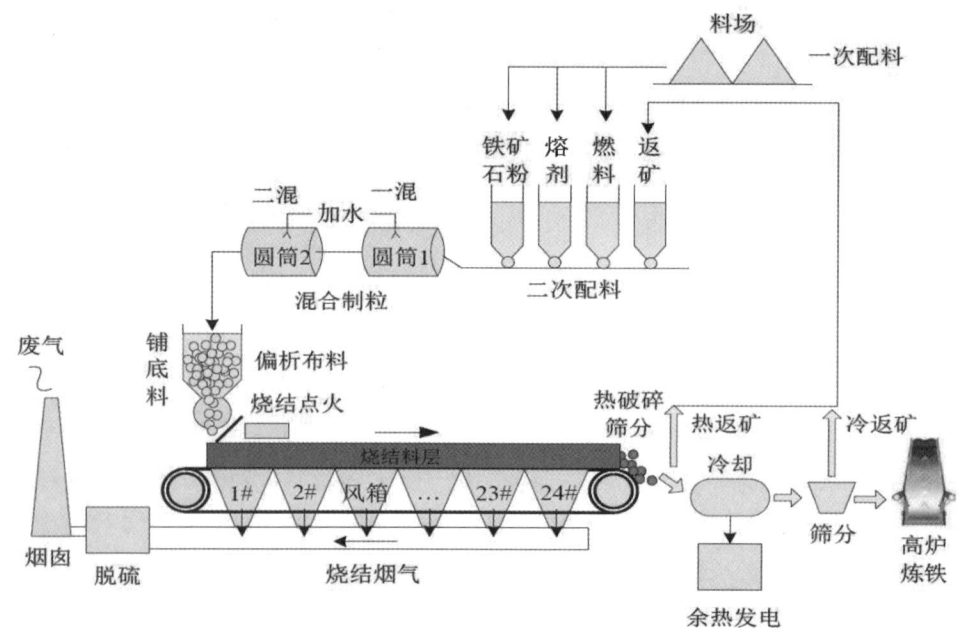

图 2-1 烧结工艺流程

（a）混合制粒　　　　　　　（b）烧结点火　　　　　　　（c）抽风烧结

图 2-2 烧结工艺流程实物图

车炉箅不受高温影响，通常会在布料之前在台车上铺设一层大成矿作为铺底料。正常烧结生产中，料层厚度约为700mm，混合料表面的固体燃料由点火罩引燃。烧结机台车有24个风箱，通风后开始烧结，当烧结机向前移动时，混合料开始自上而下发生熔融燃烧。

充分混合的混合料在料层中燃烧时产生约1300℃的高温，混合料在这样的高温环境下发生物理化学反应，使混合料层出现分层现象，其中料层自下而上可分为生料层、过湿层、预热干燥层、燃烧层和烧结矿层等，如图2-3所示。黑色粗线表示燃烧层，随着燃烧带的下移，高温熔融物黏结成块；抽入冷空气促使烧结矿冷却，形成烧结矿层；预热干燥层与燃烧层紧密相连，受高温废气影响，游离水分迅速蒸发，水蒸气与下部冷料接触后形成过湿层。

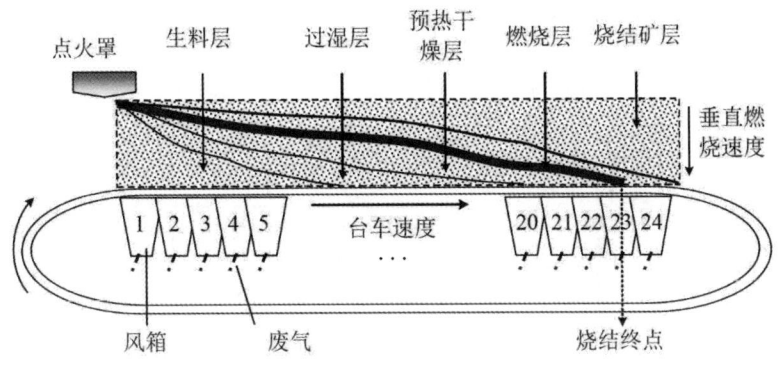

图 2-3 烧结料层的分层现象

## 第二节 混合水分控制方案设计与实现

烧结混合制粒过程的关键是在混合料中加入适量水,使原料充分混合,制成粒度分布合理的混合料。混合料的粒度分布直接影响烧结料层的透气性,进而影响烧结矿质量。影响水分控制的因素众多,与混合料粒度分布密切相关的因素包括原料的粒度、水分含量、加水量、加水方式、混合时间、圆筒转速、圆筒填充率,以及生石灰、消石灰等溶剂的选择。结合实际情况,关键影响因素是原料水分和加水量。原料水分通常每周检测一次,时效性较差;而加水量可实时监测。因此,水分控制主要通过调节一次和二次混合的加水量实现。混合料水分的最佳值一般为 7.0% 左右,其波动范围在 ±0.2% 以内即可满足生产要求。

在烧结混合制粒的过程中,部分企业将智能控制方法与传统控制方法相结合,实现了烧结混合料水分的稳定控制,如神经网络 PID 控制、模糊 PID 控制、专家控制等。针对不同控制需求,研究者提出了多种解决方案,如为克服烧结制粒过程水分控制的滞后问题,研究人员通过引入 Smith 控制器,提出了混合制粒水分预测与控制方法。Li 等(2013)分析烧结混合制粒含水的作用及其对烧结过程透气性的影响,提出以透气性为核心的烧结混合料水分智能控制方法。针对烧结混合制粒过程同时存在原料流量波动和时滞的问题,陈略峰等(2012)提出了一种原料工况自适应的水分前馈串级控制方法。

上述方法为混合水分控制提供了重要参考,但是对混合水分控制的多种需求,上述方法还略显不足。在混合制粒过程中,一方面,生石灰和混匀矿原料流量经常出现波动、断料、停料等状况,导致一次和二次混合加水量的波动和水分控制稳定性下降;另一方面,一次和二次混合过程存在检测滞后的问题。为解决上述问题,本节提出一种由前馈控制和串级控制构成的二自由度混合制粒水分控制方法,构建如图 2-4 所示的混合制粒水分控制系统。

前馈控制与串级控制策略相结合的控制系统主要由两个部分组成:一是基于原料工况自适应的加水量前馈计算模型。该模型采用专家规则实现原料工况归类,将生石灰和混匀矿的状态划分为正常、波动、断料、停料 4 种工况,进而建立加水量前馈计算模型,实现加水量的超前调节。二是水分串级控制,根据加水量计算值和水分设定值,采用串级控制结构,

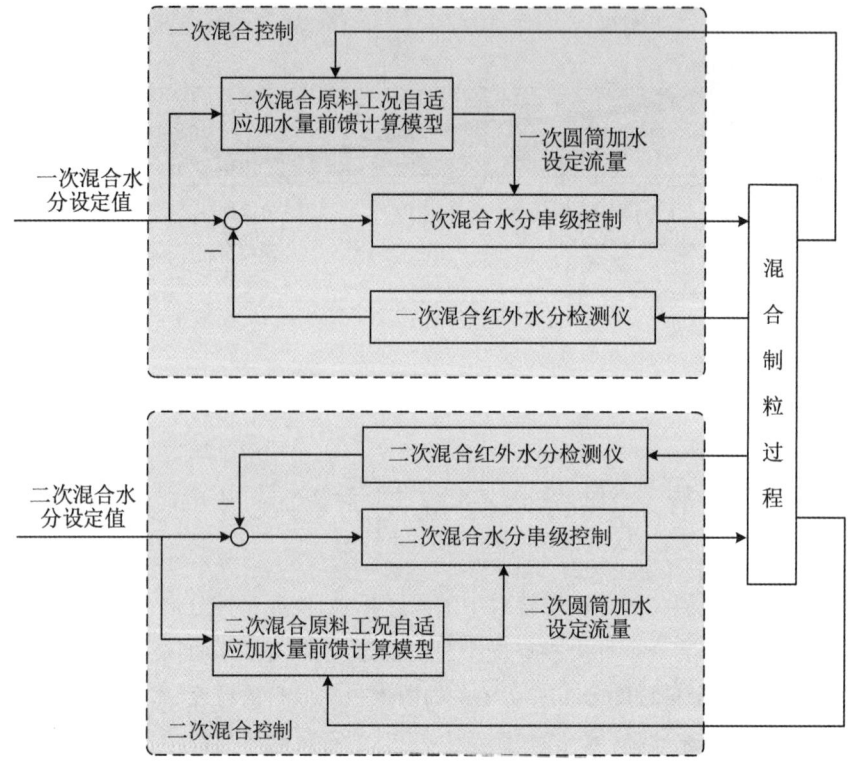

图 2-4 混合制粒水分控制系统结构框图

实现混合料水分的稳定控制。该水分前馈串级智能控制系统主要包括基于原料工况自适应的加水量前馈计算模型和水分串级控制系统。

# 一、原料工况自适应加水量前馈计算模型

针对混合料水分控制存在的滞后性问题,建立参数自定义的加水量前馈计算模型。该模型根据原料参数变化和烧结状况的波动,超前调整加水量,旨在抑制原料流量波动对加水量的干扰,稳定加水量。为解决原料流量波动导致的水分剧烈扰动问题,引入前馈控制机制,前馈模型分别计算一次和二次混合的加水量,实现加水量的前馈调节。首先,针对原料中影响最大的混匀矿、生石灰原料流量,建立评判规则以实现原料工况的分类。原料工况主要划分为正常、波动、断料和停料 4 种,获得当前混匀矿和生石灰原料流量工况,经过长期观察和数据分析,具体评判规则如表 2-1 和表 2-2 所示。

表 2-1 生石灰工况评判规则

| 生石灰原料流量/(t·h$^{-1}$) | <15 | [15,20] | [20,26] | >26 |
|---|---|---|---|---|
| 工况 | 停料 | 断料 | 波动 | 正常 |

表 2-2　混匀矿工况评判规则

| 混匀矿原料流量/(t·h⁻¹) | <400 | [400,430] | [430,455] | >455 |
|---|---|---|---|---|
| 工况 | 停料 | 断料 | 波动 | 正常 |

然后根据消化反应原理及经验数据,建立相应专家规则,得到合适的加水修正因子及生石灰消耗水分因子,进而建立加水量前馈计算模型,实现加水量的超前调节。专家规则采用"IF 条件 1 AND 条件 2 THEN 结论"的形式,共 16 条规则,如表 2-3 所示。条件 1 和条件 2 分别是生石灰和混匀矿工况,结论是生石灰消耗水分因子 $\alpha$、加水量修正因子 $\beta$ 和参数下发周期 $T$。通过这些结论的参数可实现加水量的前馈控制。

表 2-3　专家规则表

| 生石灰工况 | 混匀矿工况 | | | |
|---|---|---|---|---|
|  | 正常 | 波动 | 断料 | 停料 |
| 正常 | $\alpha=1.2$<br>$\beta=0.26$<br>$T=180s$ | $\alpha=1.1$<br>$\beta=0.26$<br>$T=120s$ | $\alpha=1$<br>$\beta=0.26$<br>$T=60s$ | $\alpha=0.7$<br>$\beta=0.26$<br>$T=60s$ |
| 波动 | $\alpha=1.2$<br>$\beta=0.29$<br>$T=40s$ | $\alpha=1.15$<br>$\beta=0.29$<br>$T=40s$ | $\alpha=1.05$<br>$\beta=0.29$<br>$T=40s$ | $\alpha=0.75$<br>$\beta=0.29$<br>$T=40s$ |
| 断料 | $\alpha=1.2$<br>$\beta=0.32$<br>$T=20s$ | $\alpha=1.15$<br>$\beta=0.32$<br>$T=20s$ | $\alpha=1.05$<br>$\beta=0.32$<br>$T=20s$ | $\alpha=0.75$<br>$\beta=0.32$<br>$T=20s$ |
| 停料 | $\alpha=1.2$<br>$\beta=0.36$<br>$T=20s$ | $\alpha=1.15$<br>$\beta=0.36$<br>$T=20s$ | $\alpha=1.05$<br>$\beta=0.36$<br>$T=20s$ | $\alpha=0.75$<br>$\beta=0.36$<br>$T=20s$ |

## 二、水分串级控制系统

该水分串级控制系统采用双闭环结构,如图 2-5 所示。内环是流量环,输入为加水量设定值和实时监测值的偏差;外环是水分环,输入为水分设定值和实时监测值的偏差。外环可降低水分波动,但存在滞后性;内环的随动性较好,能及时跟踪设定流量。图 2-5 中,$D$ 表示一次混合的采样数据序列,如 $D=\{5\#\sim19\#$ 热原料仓原料流量,$1\#\sim8\#$ 加原料水分,$1\#$、$2\#$ 生石灰消化加水管流量,$1\#$、$2\#$ 粉尘加湿加水管流量,$1\#$、$2\#$ 转炉灰加湿加水管流量$\}$,在二次混合的情况下,$D$ 中还需要包含一次混合后混合料流量和一次混合加水量。

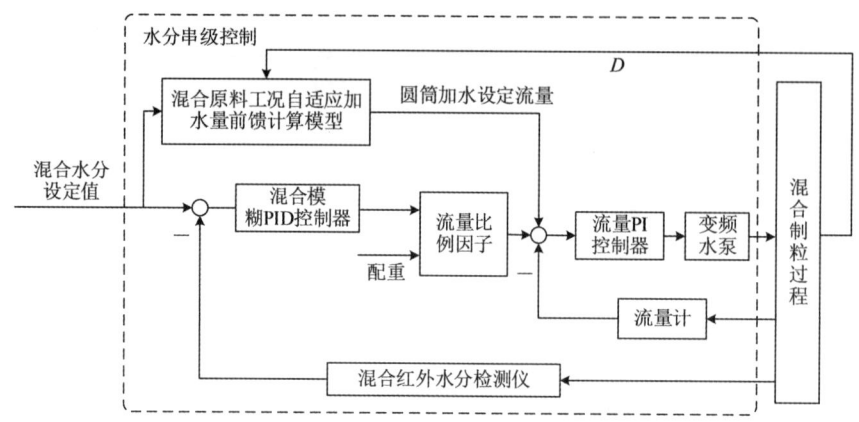

图 2-5 水分串级控制系统结构

水分的控制主要采用串级控制结构,外环是水分环,采用自适应的模糊 PID 算法;内环是流量环,采用 PI 算法。水分环的自适应模糊控制器采用两输入三输出的结构,输入为水分率的偏差 $E$、偏差变化率为 $EC$,输出为 PID 控制器参数的增量 $\Delta K_P$、$\Delta K_I$、$\Delta K_D$。设计步骤如下。

步骤 1:模糊化。根据大量的数据分析和现场观察,将 $E$、$EC$、$\Delta K_P$、$\Delta K_I$、$\Delta K_D$ 的模糊论域选取如下: $E=\{-1,-0.8,-0.6,-0.4,-0.2,0,0.2,0.4,0.6,0.8,1\}$;$\Delta K_P=\{-0.2,-0.16,-0.12,-0.08,-0.04,0,0.04,0.08,0.12,0.16,2\}$;$EC=\Delta K_I=\Delta K_D=\{-0.1,-0.08,-0.06,-0.04,-0.02,0,0.02,0.04,0.06,0.08,0.1\}$。量化因子均为 1,隶属度函数均采用如图 2-6 所示曲线,其中 $x$ 表示实际值,$X_i$ 表示各模糊论域划分的等级,$\mu(x)$ 表示属于该模糊命题的隶属度,NB、NM、NS、ZO、PS、PM、PB 分别表示负大、负中、负小、零、正小、正中、正大。

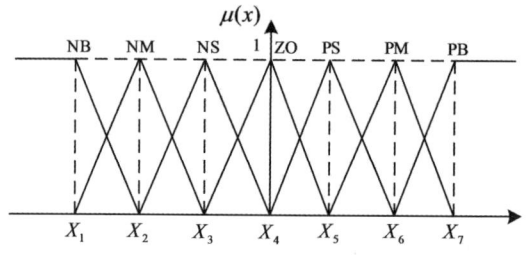

图 2-6 隶属度函数曲线

步骤 2:模糊推理。模糊关系采用"IF A AND B,THEN C"的形式,$\Delta K_P$、$\Delta K_I$、$\Delta K_D$ 的控制规则如表 2-4~表 2-6 所示。

步骤 3:清晰化。清晰化输出采用加权平均法。获得模糊控制器的输出后,在线修正 PID 参数。为了防止出现饱和及振荡等现象,同时考虑系统抑制扰动的问题,$K_P$、$K_I$、$K_D$ 应在原先调整好的 PID 参数的附近小范围调整,各控制器最终采用增量式 PID 算法输出控制量。设原先调整好的 PID 参数为 $K_{P0}$、$K_{I0}$、$K_{D0}$,那么 $K_P=K_{P0}(1+\Delta K_P)$,$K_I=K_{I0}(1+\Delta K_I)$,$K_D=K_{D0}(1+\Delta K_D)$。

表 2-4  $\Delta K_P$ 控制规则表

| E | EC | | | | | | |
|---|---|---|---|---|---|---|---|
| | NB | NM | NS | ZO | PS | PM | PB |
| NB | PB | PB | PM | PM | PS | ZO | ZO |
| NM | PB | PB | PM | PS | PS | ZO | ZO |
| NS | PM | PM | PM | PM | ZO | NS | NS |
| ZO | PM | PM | PS | ZO | NS | NM | NM |
| PS | PS | PS | ZO | NS | NS | NM | NM |
| PM | PS | ZO | NS | NM | NM | NM | NB |
| PB | ZO | ZO | NM | NM | NM | NB | NB |

表 2-5  $\Delta K_I$ 控制规则表

| E | EC | | | | | | |
|---|---|---|---|---|---|---|---|
| | NB | NM | NS | ZO | PS | PM | PB |
| NB | NB | NB | NM | NM | NS | ZO | ZO |
| NM | NB | NB | NM | NS | NS | ZO | ZO |
| NS | NB | NM | NS | NS | ZO | NB | NB |
| ZO | NM | NM | NS | ZO | ZO | ZO | ZO |
| PS | NM | MS | ZO | NS | PS | PM | PB |
| PM | PS | ZO | PS | PS | PM | PM | PB |
| PB | ZO | ZO | PS | PM | PM | PB | PB |

表 2-6  $\Delta K_D$ 控制规则表

| E | EC | | | | | | |
|---|---|---|---|---|---|---|---|
| | NB | NM | NS | ZO | PS | PM | PB |
| NB | PS | NS | NB | NB | NB | NM | PS |
| NM | PS | NS | NB | NB | NB | NM | PS |
| NS | ZO | NS | NM | NM | NS | NS | ZO |
| ZO | ZO | NS | NS | NS | NS | NS | ZO |
| PS | ZO | ZO | ZO | ZO | ZO | ZO | ZO |
| PM | PS | PB | NS | PS | PS | PS | PB |
| PB | PB | PM | PM | PM | PS | PS | PB |

# 第三节　点火过程控制方案设计与实现

烧结点火是铁矿石烧结工艺的首道关键工序。烧结混合料铺于烧结机的台车上后,在点火炉负压环境下,由焦炉煤气和高炉煤气组成的混合煤气点燃混合料表层。烧结点火是影响烧结矿质量的重要环节,如果点火强度不够或温度偏低,则会导致表层烧结矿强度降低,甚至影响烧结矿形成;如果点火强度过高或温度过高,则会导致表层烧结矿过熔,造成烧结矿质量下降。有效控制烧结点火强度(或点火温度),对烧结矿生产十分重要。

研究者基于操作经验对烧结点火控制开展研究。宋迎等(1997)提出了一种基于模糊控制的点火强度主控、温度辅控方案,通过调节烧结点火空燃比,实现了点火过程的稳定控制。陈建等(2012)将模糊 PID 控制策略应用于烧结点火温度控制中,并取得了良好效果。在工业设备逐渐完善的基础上,研究者对基于模型的控制方法也展开了研究。Zhang 等(2004)提出基于模糊神经网络的烧结点火温度滑膜控制方法;Endiyarov(2016)提出烧结点火的自适应控制方法;Chen 等(2018)通过建立烧结点火的动力学模型,提出基于改进的等价输入干扰方法的烧结点火先进控制方法;Du 等(2020)在燃烧机理分析的基础上,提出了基于点火温度预测的烧结点火智能控制方法。

因此,从低成本和高精度需求出发,结合烧结点火工艺特点,本研究提出了点火燃烧智能优化控制技术。

基于前文对烧结点火过程特点和优化控制基本结构的阐述,建立烧结点火燃烧智能控制算法,总体设计如图 2-7 所示。该结构主要包括两个部分:点火温度模糊控制器和空燃比自寻优模糊控制器。

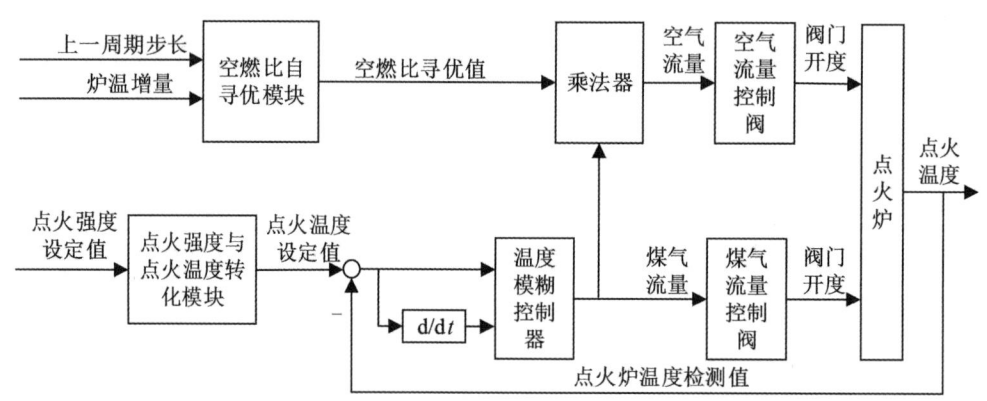

图 2-7　烧结点火智能控制系统结构

根据点火强度设定值、实时台车速度、台车宽度等参数及相关工艺机理,计算点火炉目标点火温度设定值。以温度设定值和实际检测值的偏差和偏差变化率为输入,以煤气流量变化量为输出,设计温度模糊控制器。为消除煤气热值和压力波动对燃烧过程的影响,该控制器以点火炉温度增量和上一周期寻优步长为输入,以当前寻优步长为输出,设计空燃比自寻优模糊控制器,通过变步长寻优算法,实现不同工况下空燃比的动态优化,从而确保点火质量,提高煤气利用率。

## 一、点火温度模糊控制器

以点火强度设定值为目标,对点火燃烧过程进行优化控制。点火强度是指点火炉对每平方米混合料面所供给的热量或燃气量。点火强度不可在线检测,因此,必须将点火强度转化为可测量的点火温度。根据点火强度设定值可计算出煤气量。

$$F = 60 \times J \times V_T \times W \tag{2-1}$$

式中:$F$ 为点火炉的煤气流量,$m^3/h$;$J$ 为点火强度,$m^3/m^2$;$V_T$ 为台车速度,$m/h$;$W$ 为台车宽度,$m$。结合煤气低发热值可以求得煤气燃烧释放的总热量 $U$。

$$U = FH_L \tag{2-2}$$

式中:$H_L$ 为煤气低发热值。

根据斯特藩-玻尔兹曼定律及热力学原理,得出燃烧总热量与点火炉理论燃烧温度的关系。

$$t_0 = \sqrt[4]{\frac{60 \times J \times V_T \times W \times H_L \times c}{4 \times V\sigma}} - 273.15 \tag{2-3}$$

式中:$V$ 为炉膛体积,$m^3$;$\sigma$ 为斯特藩-玻尔兹曼常数,$5.7 \times 10^{-8}$,$W/(m^2 \cdot K^4)$;$c$ 为燃烧效率。以上计算的是点火炉目标温度设定值,在实际生产中,应充分考虑实际工况变化对点火温度优化设定的影响,并结合专家经验进行修正,以确定最终给定的点火温度设定值。

基于点火炉温度控制的特点,建立了点火炉温度模糊控制技术。以点火实际温度偏差及其变化率作为模糊控制器的输入变量,将煤气流量变化作为输出变量,进而对输入变量进行论域划分、隶属度函数定义,并制定模糊规则。若对模糊控制规则的设定进行改进,可显著提升控制器的自适应能力和鲁棒性。

## 二、空燃比自寻优模糊控制器

燃烧过程通常在空气略过量的条件下进行,但空气过多会导致炉内温度下降。因此,最高火焰温度出现在空气微过量的情况下。根据热力学的原理,辐射能量与火焰绝对温度的四次方成正比,因此,火焰温度最高时,点火炉的热效率达到峰值。图 2-8 表示空气过剩率与燃烧效率及污染之间的关系,可以看出,燃烧系统的质量跟空气过剩率有很大的关系。同时,空气过剩率还可以用空气和燃气的配比来描述,即空燃比。首先对空气过剩系数 $\mu$ 进行分析。

$$\mu = Q_a/Q_T = Q_a/C_a * Q_f \tag{2-4}$$

式中:$Q_a$ 是实际空气流量,$m^3/h$;$Q_T$ 是理论空气流量,$m^3/h$;$Q_f$ 是实际燃料流量,$m^3/h$;$C_a$ 是单位燃料流量所需的理论空气量,$m^3/m^3$。

在理论上，$\mu$ 为 1.0 时为最佳燃烧状态，进入点火炉中的空气量与燃料正好完全燃烧，但实际运行过程中不可能精确控制到这一点。从图 2-8 可以看出，当 $\mu$ 在 1.02~1.10 之间时，存在一个热损失和污染最小而热效率最高的低过剩空气燃烧区，称为最佳燃烧带。这时系统处于微过氧燃烧状态，点火炉的热效率损失最低。

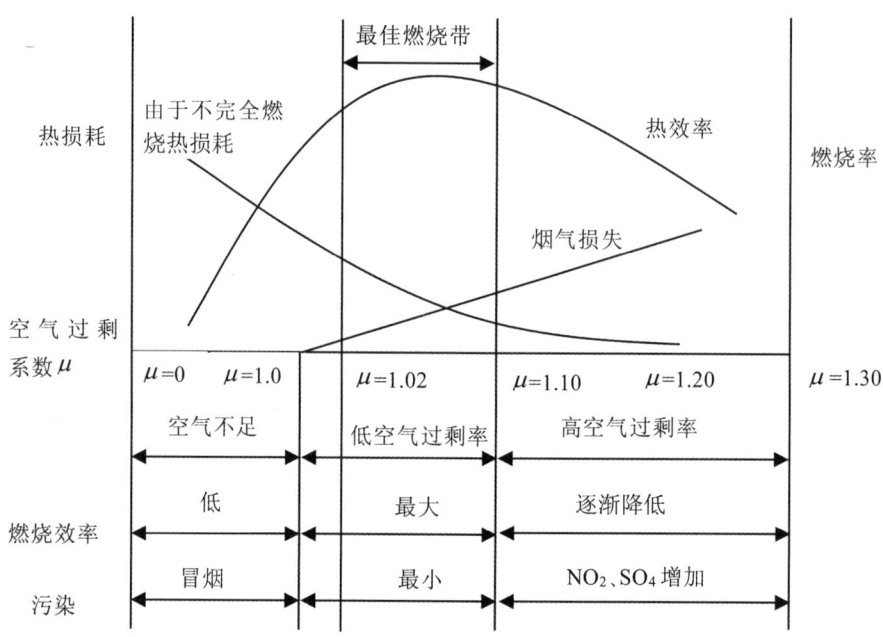

图 2-8　空气过剩率与燃烧效率、污染的关系

基于以上分析，对空气过剩系数 $\mu$ 进行变换分析。

$$\mu = [(Q_a/Q_{amax}) * Q_{amax}]/[(Q_f/Q_{fmax}) * Q_{fmax} * C_a] \\
= (F_a * Q_{amax})/(F_f * Q_{fmax} * C_a) \tag{2-5}$$

式中：$Q_{amax}$，$Q_{fmax}$ 分别为空气和煤气的最大刻度流量值；$F_a$，$F_f$ 分别为空气和煤气实际流量的相对值。令 $\delta = (Q_{fmax} * C_a)/Q_{amax}$，则有

$$u = F_a/F_f = \mu * \delta \tag{2-6}$$

式中：$u$ 为空燃比，即实际的空气量与实际的煤气量之比。可知，空燃比与空气过剩系数 $\mu$ 成正比，也存在着一个最佳比值，而这种比值关系因煤气热值变化会产生漂移。因此，如何提高热效率的问题就转化成寻求最佳空燃比的问题。

深入分析点火炉燃烧过程的动态特性，基于模糊控制理论，设计空燃比自寻优模糊控制器，实时获取最佳空燃比，从而实现点火炉燃烧智能控制。空燃比自寻优模糊控制策略的基本思想是：在煤气流量不变的情况下，以点火炉温度为寻优目标，控制器逐步调节空气量，监测温度变化和寻优步长的对应关系，动态修正空燃比，当炉温偏差和寻优步长达到收敛条件时停止寻优，此时输出的空燃比即为最佳燃烧比。空燃比自寻优模糊控制结构如图 2-9 所示，图中的 $\Delta u_{i-1}$ 和 $\Delta u_i$ 为上一周期空燃比变化步长和未来的空燃比变化步长，$\Delta T_i$ 为点火温度的变化量，$E_T$、$E_U$ 和 $E_C$ 为转化后的模糊量。

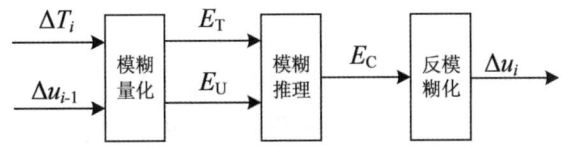

图 2-9 空燃比自寻优模糊控制结构图

由于空燃比需要实时在线寻优,因此必须确保较快的算法收敛速度。在寻优中,步长是影响收敛速度的重要因素。在固定步长的算法中,若步长小,则收敛速度慢,且抗扰动能力差;若步长大,则搜索损失增大,有时还会引起振荡,无法收敛。而在变步长寻优方法中,在离极值点较近处,曲线平缓,反映在温差上是变化率较小,此时可采用小步长搜索;反之,在远离极值点附近,曲线陡峭,采用大步长搜索。因此,空燃比自寻优模糊控制器采用变步长方法来避免固定步长寻优过程中容易出现的问题,达到提高搜索速度、减小搜索损失的目的。

变步长的寻优算法通过快速收敛特性,有效抑制了因炉内参数波动,煤气、空气热值、压力变化导致的空燃比漂移,实现了针对不同工况的空燃比寻优。在启动空燃比自寻优控制器时,需要保持温度控制器的输出不变,以免煤气流量变化影响寻优过程。完成寻优后用新的空燃比替代原来的空燃比,再启动温度控制器。当温度出现大的波动时,应立即停止寻优,启动温度控制器,确保点火炉温度的平稳控制。另外,当煤气压力波动过大时,也应停止寻优,保证点火燃烧的安全。

## 第四节 烧结终点控制方案设计与实现

在抽风机的作用下,烧结燃烧反应自上而下进行。烧结终点是指烧结机台车上混合料层完全烧透的位置。若烧结终点超前,烧结机有效面积未被充分利用,导致利用系数降低;若烧结终点滞后,则卸料时烧结料层未烧透,返矿量增加,成品率下降。因此,稳定控制烧结终点对提升烧结生产的质量与产量至关重要。目前烧结终点控制研究主要集中在建模和控制两个方面。烧结终点不可直接检测,需要根据其他检测量来判断烧结终点的位置。目前工程中采用的烧结终点判断方法主要有两种:定性判断的图像识别法、定量估算的风箱废气温度法。风箱废气温度法可以定量估算出烧结终点位置,并逐渐演变为一种烧结终点软测量方法。

研究者根据操作经验,采用智能控制算法控制烧结终点,如模糊控制、专家控制、神经网络控制等,实现了烧结终点的控制。针对其显著的滞后特性,研究者提出了基于烧结终点预测的混合控制方法,包括烧结终点混杂模糊预测控制方法、基于烧结终点闭环识别的广义预测控制策略、基于神经网络预测的烧结终点混合模糊预测控制策略、基于时间序列趋势特征提取的烧结终点模糊控制方法等。烧结生产不仅需要提高烧结矿的质量和产量,同时还需要保证烧结过程的生产安全,因此研究者开展了多目标协调控制策略研究。针对混合料料槽料位这一烧结生产安全指标,向婕等(2010)提出基于模糊满意度的烧结过程多目标控制方法,以及烧结终点和料槽料位的协调模糊控制策略;Du 等(2020)提出基于优先级的料槽料位和烧结终点智能协调控制方法及面向碳效优化的烧结终点智能集成控制方法。

烧结终点具有难检测性、大滞后性、复杂性和不确定性,针对这些控制难点,研究者深入研究了烧结终点软测量模型和烧结终点神经网络预测模型。在此基础上结合模糊控制和专家控制,本节介绍一种烧结终点模糊-专家集成控制模型,实现对烧结终点的智能自动化控制,其控制结构图如图 2-10 所示。首先,在线获取所需的烧结过程风箱废气温度,通过软测量模型计算得到烧结终点的实时值;其次,根据计算得到的烧结终点实时值及烧结过程中的其他生产数据,采用神经网络预测模型计算烧结终点预测值,并且得到预测值与设定值之间的偏差值;最后,将偏差以及偏差变化率作为烧结终点智能控制器的输入,通过计算求得对台车速度的控制量,并且作用于烧结过程。

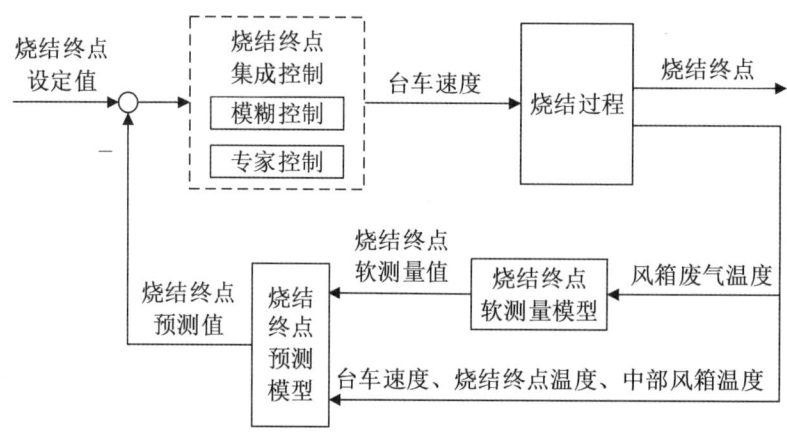

图 2-10 烧结终点模糊-专家集成控制

## 一、烧结终点软测量模型

目前,通过烧结废气成分分析、抽风负压检测、烧结矿化学成分检测、机尾图像监视等方法可以判断烧结终点的位置,但是实时性不好,实际应用效果并不理想。可利用数学方法建立风箱废气温度曲线与烧结终点的关系模型,在线判断烧结终点的位置。风箱废气温度上升到最高点以后开始下降的瞬间,所在风箱的位置就是烧结终点的位置。对于同一批料的不同烧结过程,其风箱废气温度分布图如图 2-11 所示。

从图 2-11 可以看出,在烧结终点附近,风箱废气温度与风箱位置之间近似为二次关系,对烧结终点附近的几个风箱废气温度进行二次曲线拟合,拟合图如图 2-12 所示。最高风箱温度 $T_{max}$ 对应的风箱号 $X_{max}$ 即为烧结终点的位置。烧结终点软测量模型采用二次多项式表示,其中,$T_i$ 是风箱的废气温度,$X_i$ 是风箱位置,$A,B,C$ 是表达式的系数。

$$T=AX_i^2+BX_i+C, i=1,2,3 \tag{2-7}$$

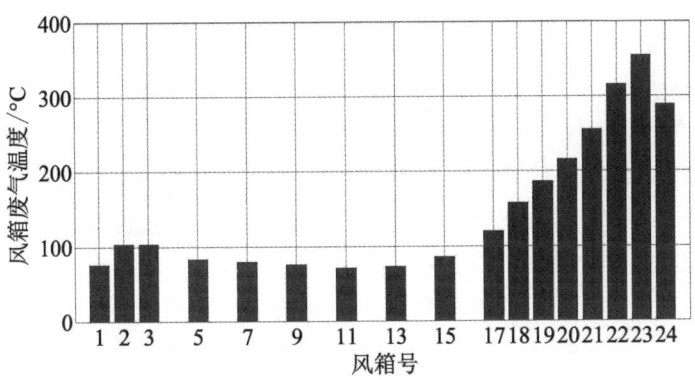

图 2-11 风箱废气温度分布图

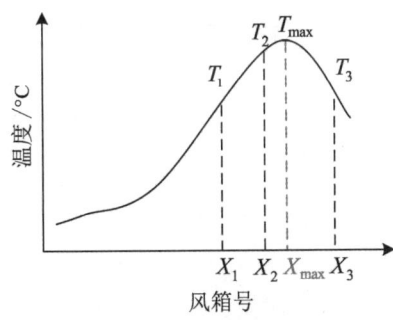

图 2-12 烧结终点判断示意图

将包含最高风箱废气温度在内的 3 个风箱位置和其对应的风箱废气温度 $(X_1, T_1)$，$(X_2, T_2)$ 和 $(X_3, T_3)$ 代入上式中，对系数 $A, B, C$ 进行求解得

$$A = \frac{(T_1 - T_2)/(X_1 - X_2) - (T_2 - T_3)/(X_2 - X_3)}{X_1 - X_3} \tag{2-8}$$

$$B = \frac{T_1 - T_2}{X_1 - X_2} - A(X_1 + X_2) \tag{2-9}$$

$$C = T_i - AX_i^2 - BX_i, \quad i = 1, 2, 3 \tag{2-10}$$

对二次函数求导，则烧结终点 $X_{max}$ 处的微分为零，有

$$\frac{dT}{dX} = 2AX_{max} + B = 0 \tag{2-11}$$

$$X_{max} = -\frac{B}{2A} \tag{2-12}$$

若取废气温度最高的风箱 $X_{max}$ 附近的 3 个风箱，则有

$$X_{max} = X - \frac{T_{X-1} - T_{X+1}}{2(2T_X - T_{X-1} - T_{X+1})} \tag{2-13}$$

## 二、烧结终点神经网络预测模型

通过烧结终点软测量方法可以计算得到烧结终点的实时值，但是如果按照烧结终点实

时值来下发控制无疑是滞后的。此外,即使当前时刻的烧结状态正常,烧结终点位置在要求范围内,也无法保证下一时刻的烧结终点位置也处于合理范围内。因此,需要对烧结终点进行预测,从而对烧结终点进行提前控制。

预测模型是为了实现对烧结终点的预测,因此模型的输出量为下一采样周期的烧结终点位置。通过机理分析可知,台车速度和当前时刻的烧透点(burn through point,BTP)位置都会直接影响到下一时刻的烧结终点位置,除此之外,烧结终点位置还受到垂直燃烧速度的影响。在实际生产过程中,垂直燃烧速度是无法检测的,而能够获取的风箱废气温度可以间接体现垂直燃烧速度的影响。从实验数据中随机选取500组数据,其中中部风箱温度即17号风箱温度,为经过时间配准后的数据,是当前处于烧结终点的料层在经过17号风箱时的风箱温度。数据的采样时间为1 min。

从图2-12中可以看出,当中部风箱温度处于波峰位置时,烧结终点位置处于波谷,即出现了提前;当终点风箱温度处于波谷时,烧结终点位置处于波峰,即出现了滞后。由此可见,中部风箱温度和终点温度对烧结终点位置的影响比较明显。综上所述,选择当前时刻的烧结终点位置、台车速度、烧结终点温度和经过配准后的中部风箱温度为预测模型的输入量,选择下一时刻的烧结终点位置为输出量。烧结终点预测模型结构采用三层神经网络结构,如图2-13所示。

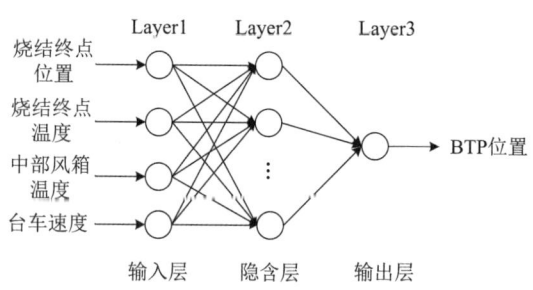

图2-13 神经网络预测模型结构

## 三、烧结终点模糊-专家集成控制策略

集成专家控制方法和模糊控制方法,将人工操作经验总结成计算机可以识别的语言操作规则,通过计算机来模拟人的思维特点,以实现对烧结终点的有效控制。模糊控制器采用双输入单输出的控制结构,控制原理如图2-14所示。

模糊控制器输入参数的偏差$e$是指烧结终点预测值与烧结终点设定值的偏差(烧结终点设定值一般为23),偏差变化率$ec$是指偏差的变化趋势和变化速度,输出参数$uc$是指台车速度的变化量,即调节量。$y_1$和$y_2$分别表示进行软测量和神经网络预测所需要的烧结过程状态参数。其中,$y_1$包括进行软测量的多个风箱废气温度,$y_2$包括台车速度、中部风箱废气温度和烧结终点废气温度。

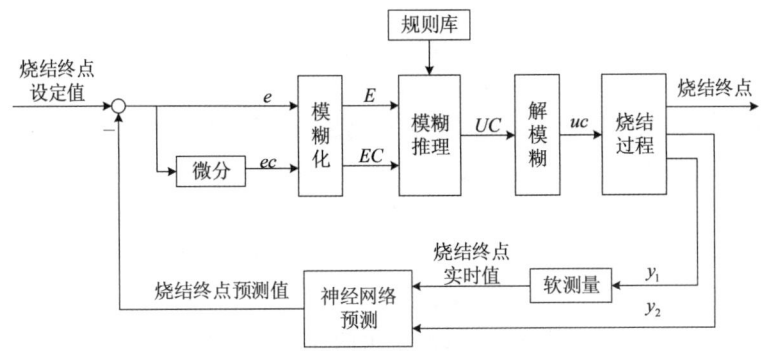

图 2-14 烧结终点模糊控制器原理图

当BTP预测值与反馈值的偏差超出一定范围时,采用专家控制器进行控制。钢铁厂要求BTP的位置应保持在23号风箱附近,故在控制器的设计过程中,当BTP偏差值大于1个风箱或小于−1个风箱时,采用专家控制器进行调节。专家规则是通过总结归纳操作者在控制过程的实践经验得到的,主要规则如下。

Rule1:IF$-1.2 \leqslant e < -1$,THEN $uc=0.18$。

Rule2:IF $e < -1.2$,THEN $uc=0.2$。

其中,$e$ 为BTP偏差,$uc$ 为台车速度的变化量。

当BTP偏差值在规定的范围内时,系统是相对稳定的,则应提高系统的控制精度,故采用模糊控制器进行控制。当偏差在±1个风箱以内时,模糊控制器被激活。在模糊控制中,BTP偏差的基本论域 $e \in [-1.0, 1.0]$(风箱位置),偏差变化率的基本论域 $ec \in [-0.2, 0.2]$(风箱位置/min),台车速度改变量的基本论域 $uc \in [-0.15, 0.15]$(m/min)。输入、输出均选择模糊子集,总数为5个:{NB,NS,O,PS,PB}。

通过机理分析,并且总结烧结专家知识和现场操作人员的经验,确定台车速度控制量变化的原则为:当烧结终点偏差较大时,控制目的为尽快消除偏差,以系统的安全性为主;当烧结终点偏差较小时,控制目的为稳定烧结终点、确定控制量,以系统的稳定性为主。模糊控制规则如表2-7所示。

表 2-7 模糊控制规则表

| EC | E | | | | |
|---|---|---|---|---|---|
| | NB | NS | O | PS | PB |
| NB | PB | PB | PS | PS | O |
| NS | PS | PS | PS | O | NS |
| O | PS | PS | O | NS | NS |
| PS | PS | O | NS | NS | NS |
| PB | O | NS | NB | NB | NB |

# 思考题

1. 混合料水分是采用红外水分检测仪进行测量的,但是红外水分检测仪容易受到温度、湿度、粉尘及外部光源等影响,在实际生产中应该如何使红外水分检测仪测量更准确?
2. 在实际生产中,混合料组分、含水量等因素会使点火强度理想设定值与实际设定值之间存在偏差。如何充分考虑引起点火强度变化的各种因素,在点火温度允许波动范围内,实现点火强度随不同工况实时动态的优化设定?
3. 加水分为一次加水和二次加水,两次加水的作用和比例分别是什么?
4. 点火控制中,煤气压力不稳定对点火控制有什么影响?
5. 烧结终点软测量模型的精度对烧结终点的控制有什么影响?
6. 烧结终点预测模型的精度对烧结终点的控制有什么影响?
7. 烧结过程的垂直烧结速度是燃烧进度的直接呈现,但是在实际生产中难以直接测量,如何利用现有可测参数实现垂直烧结速度的软测量?
8. 烧结水分、点火温度、烧结终点之间并非完全独立,如何利用所学知识,实现这3个关键参数之间的协调控制?

# 主要参考文献

陈建,陈至坤,王连,2021.Fuzzy-PID 控制策略在烧结点火温度控制中的应用[J].黑龙江科技信息(28):9.

宋迎,徐志伟,王福利,1997.烧结点火模糊控制[J].基础自动化,(4):11-13+17.

向婕,吴敏,曹卫华,等,2010.基于模糊满意度的烧结过程多目标优化控制[J].化工学报,61(8):2138-2143.

CHEN X L, FAN X H, WANG Y, et al., 2013. Control guidance system for sintering burn through point[J]. Ironmaking & Steelmaking, 36 (3):209-211.

CHEN X, JIAO W, WU M, et al., 2018. EID-estimation-based periodic disturbance rejection for sintering ignition process with input time delay[J]. Asian Journal of Control, 20 (3):1274-1287.

DU S, WU M, CHEN L, et al., 2020. A fuzzy control strategy of burn-through point based on the feature extraction of time-series trend for iron ore sintering process[J]. IEEE Transactions on Industrial Informatics, 16 (4):2357-2368.

DU S, WU M, CHEN X, et al., 2020. Intelligent integrated control for burn-through point to carbon efficiency optimization in iron ore sintering process[J]. IEEE Transactions on Control Systems Technology, 28 (6):2497-2505.

DU S, WU M, CHEN X, et al., 2020. An intelligent control strategy for iron ore sintering ignition process based on the prediction of ignition temperature[J]. IEEE Transactions on Industrial Electronics, 67 (2):1233-1241.

FAN X H, HUANG X X, CHEN X L, et al., 2016. Research and development of the intelligent control of iron ore sintering process based on fan frequency conversion[J]. Ironmaking & Steelmaking, 43 (7):488-493.

KWON W H, KIM Y H, LEE S J, et al., 1999. Event-based modeling and control for the burnthrough point in sintering processes[J]. IEEE Transactions on Control Systems Technology, 7 (1):31-41.

WANG C S, WU M, 2013. Hierarchical intelligent control system and its application to the sintering process[J]. IEEE Transactions on Industrial Informatics, 9 (1):190-197.

WU M, DUAN P, CAO W, et al., 2012. An intelligent control system based on prediction of the burn-through point for the sintering process of an iron and steel plant[J]. Expert Systems with Applications, 39 (5):5971-5981.

WU M, WANG C, CAO W, et al., 2012. Design and application of generalized predictive control strategy with closed-loop identification for burn-through point in sintering process[J]. Control Engineering Practice, 20 (10):1065-1074.

# 第三章 焦炉炼焦生产过程典型自动控制系统及其应用

炼焦过程是冶金过程中的一个重要环节,该过程是指将各地运来的原煤混合配料,经焦炉高温炼焦和熄焦工序,生成焦炭、焦炉煤气、煤焦油等化工产品,这些产品是高炉炼铁的重要原料和能量来源。随着优质煤资源的减少,原煤需经过精细配料和炼焦处理才能保证其满足冶炼需求。炼焦生产过程中,稳定的过程参数是保证焦炭质量与产量的前提。本章将介绍炼焦生产工艺流程,分析当前研究背景及现状,并介绍炼焦过程中几个典型控制系统设计与实现,包括火道温度控制、集气管压力控制和干熄焦全自动运行控制。

## 第一节 炼焦生产过程工艺

炼焦生产的主要产品是焦炭,同时附带焦炉煤气和百余种化学产品。炼铁所用焦炭是高炉生产中的供热燃料、还原剂及支撑骨架,对抗碎强度和耐磨强度要求较高;铸造所用焦炭,要求粒度大、气孔率低、固定碳含量高和硫分低。炼焦是一个复杂的传热和化学变化过程,由于焦炉炉体结构复杂,操作环境恶劣,检测手段少,比起其他工业窑炉,焦炉的控制较难实施。

根据炼焦生产工艺流程(图 3-1),煤料的高温干馏焦化过程主要包括炼焦配煤过程、焦炉加热燃烧过程、焦炉煤气集气过程、推焦过程、干熄焦过程 5 个子过程。

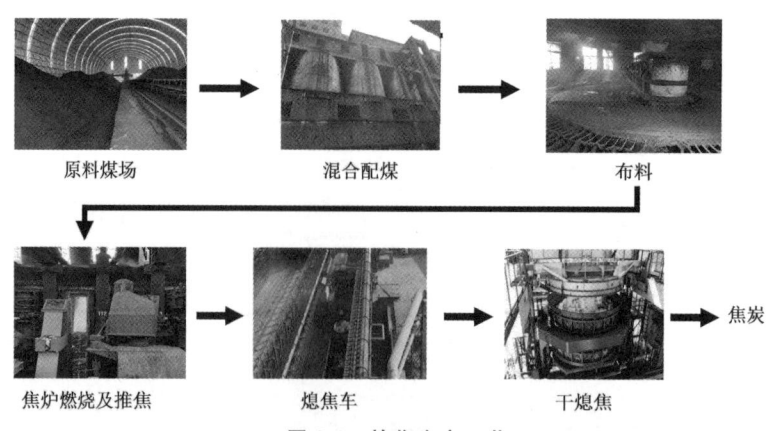

图 3-1 炼焦生产工艺

## 一、炼焦配煤过程

配煤过程是把多种性质不同的单种煤按照一定的比例进行配合,得到符合焦炭质量要求的配合煤。配煤时将各种不同类型的单种煤由堆取料机从煤场运出,由移动皮带输入指定煤斗。根据单种煤配比启动各圆盘给料机,煤斗中的煤随着圆盘的转动,经电子秤小皮带传送到皮带,通过电磁铁除铁,经皮带输送到粉碎机,经回笼皮带将混合均匀的配合煤送往焦炉煤塔。炼焦配煤过程工艺如图 3-2 所示。

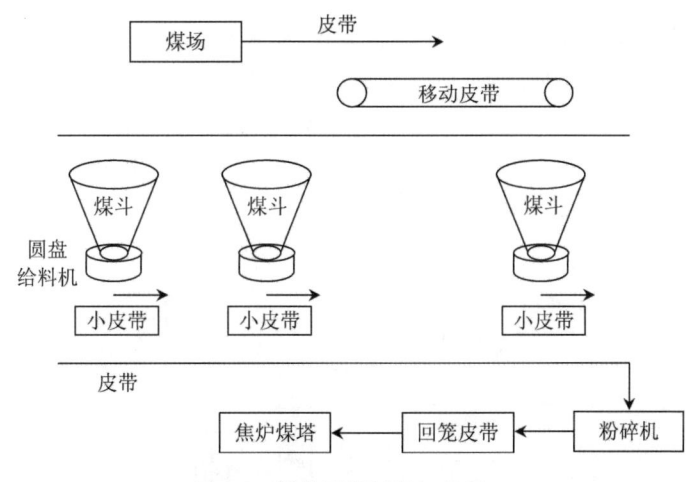

图 3-2　炼焦配煤过程工艺图

## 二、焦炉加热燃烧过程

焦炉是热工窑炉中较为复杂的热工设备,焦炉的主体一般包括 50～60 个加热单元,由许多相互间隔的炭化室和燃烧室组成,炭化室和燃烧室仅一墙之隔,如图 3-3 所示。燃烧室包括众多火道,室中每两个火道为一对,组成一个气体通路,其两端分别和下面的蓄热室相连接。

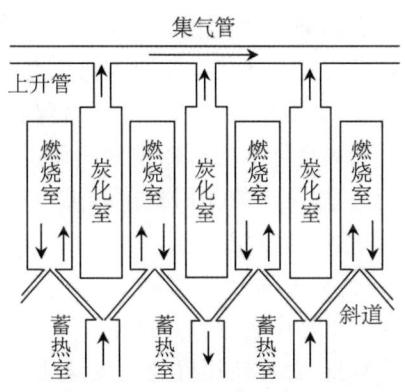

图 3-3　焦炉加热燃烧过程工艺图

为使炭化室均匀加热,加热系统定时改变废气流向,同时,为充分利用废气余热,通过蓄热室预热进入燃烧室的空气,焦炉每隔30min交换作为煤气和空气上升通道的蓄热室及作为废气下降通道的蓄热室,即进行换向。加热后煤气和一定量的空气在燃烧室的火道内混合燃烧,产生的高温废气将热量通过炉墙传给炭化室中的配合煤。经过整个结焦过程,配合煤逐渐炭化成为焦炭。

### 三、焦炉煤气集气过程

炭化室中的煤料在高温下干馏,产生一定量的荒煤气,位于焦炉顶部的集气管将荒煤气收集,然后通过冷凝器以及鼓风机送至净化装置,净化后的焦炉煤气一部分外送出去,一部分作为焦炉加热燃烧的燃料。本书以某钢铁企业焦化厂为例进行介绍。该厂有1♯、2♯两座焦炉。1♯、2♯焦炉产生的荒煤气经过各自集气管汇入总管后,经初冷器(1♯、2♯)冷却,由鼓风机(1♯和2♯中的一台,另一台鼓风机作为备用设备)送往净化回收工序,经脱硫、硫铵、终冷洗苯等几道工序后,煤气分两路送出:一路煤气外送,送给动力分厂;另一路煤气回炉,供焦炉炼焦。整个系统的工艺流程如图3-4所示。

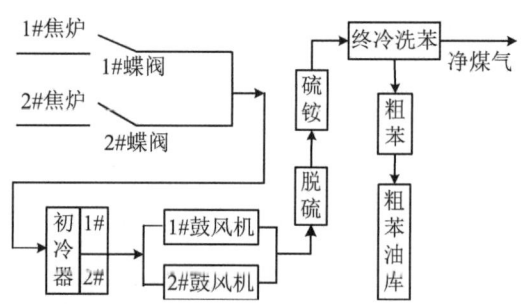

**图3-4 焦炉煤气集气系统工艺流程图**

### 四、推焦过程

推焦过程主要包括焦炭成熟后的一系列机械操作。焦炭推出依赖于四大车(装煤车、推焦车、拦焦车和熄焦车)的协调配合,该生产操作流程如图3-5所示。装煤车的作用是从煤塔取出一定重量的配合煤,通过炭化室顶部装煤孔卸入炭化室内。推焦车的作用包括:炭化室装煤完毕后,煤落在室内成锥形,由推焦机上的平煤杆将煤推平;焦炭成熟后,打开、清扫与关闭机侧的炉门,将成熟的焦炭从炭化室的机侧推到焦侧的熄焦车上。拦焦车的作用是保证成熟的焦炭被推到熄焦车上。熄焦车的作用是接收推出的赤热焦炭,运到干熄焦处将焦炭冷却。

焦炉作业计划调度系统主要任务是综合考虑生产任务、工艺要求和设备资源,制定焦炉作业计划方案,实时指导焦炉四大车有序进行推焦操作。只有严格按计划进行生产,才能保持加热过程的稳定性,提高产品质量,合理使用机械设备以延长炉体寿命。

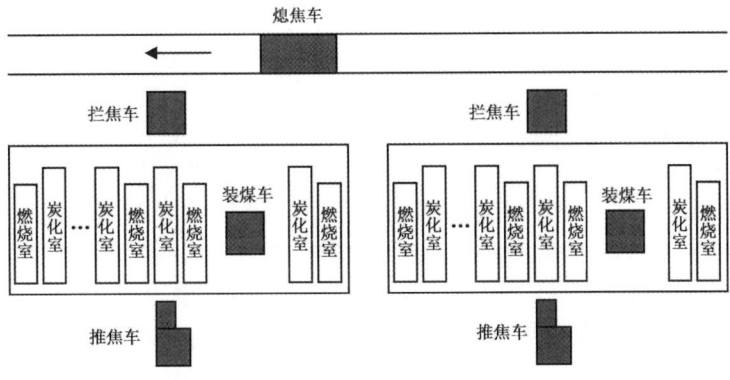

图 3-5　焦炉生产操作流程图

## 五、干熄焦过程

干熄焦工艺是指利用惰性气体将红焦冷却降温的一种熄焦方法。赤热焦炭从炭化室推出后进入干熄焦炉，与炉内循环流动的惰性气体（氮气）接触，使高温焦炭逐步冷却。氮气在干熄焦炉内自下而上流动，与高温焦炭进行热交换，降低焦炭温度，最终得到温度均匀、强度高的冷焦，其工艺流程见图 3-6。

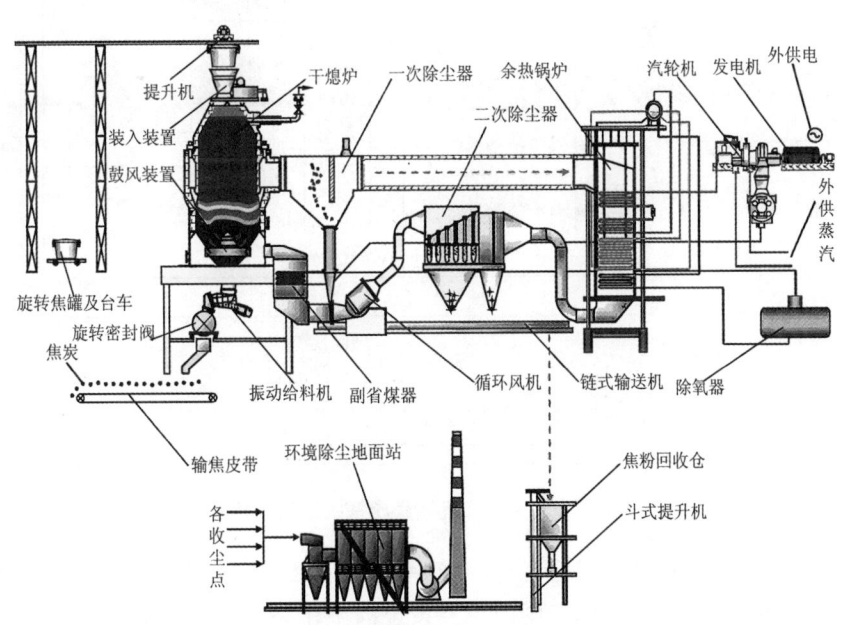

图 3-6　干熄焦过程工艺流程图

冷却后的氮气则被循环使用，重新进入干熄炉用于下一个循环。相比传统湿熄焦，干熄焦能有效减少水蒸气带来的能量损失，提高焦炭强度，减轻环境污染，具有节能、环保的优势。

## 第二节　焦炉火道温度控制方案设计与实现

由于焦炉是一个具有时变性、非线性、大惯性的对象,火道温度的变化是一个慢过程,控制系统要依据当前的温度检测值并通过调节煤气流量来控制未来的火道温度,因此存在火道温度控制的时滞问题。同时,为了保证焦炉加热过程处于最佳状态,需建立煤气流量与烟道吸力之间的关系模型,使煤气流量发生后,烟道吸力仍能与之相适应。

焦炉火道温度控制的目标是根据火道温度的变化,适时地调整供热量,自动组织合理燃烧,在各种干扰因素的作用下,保证炉温的稳定。火道温度智能集成系统控制结构主要包括工况判断模块和火道温度控制模块(图3-7)。

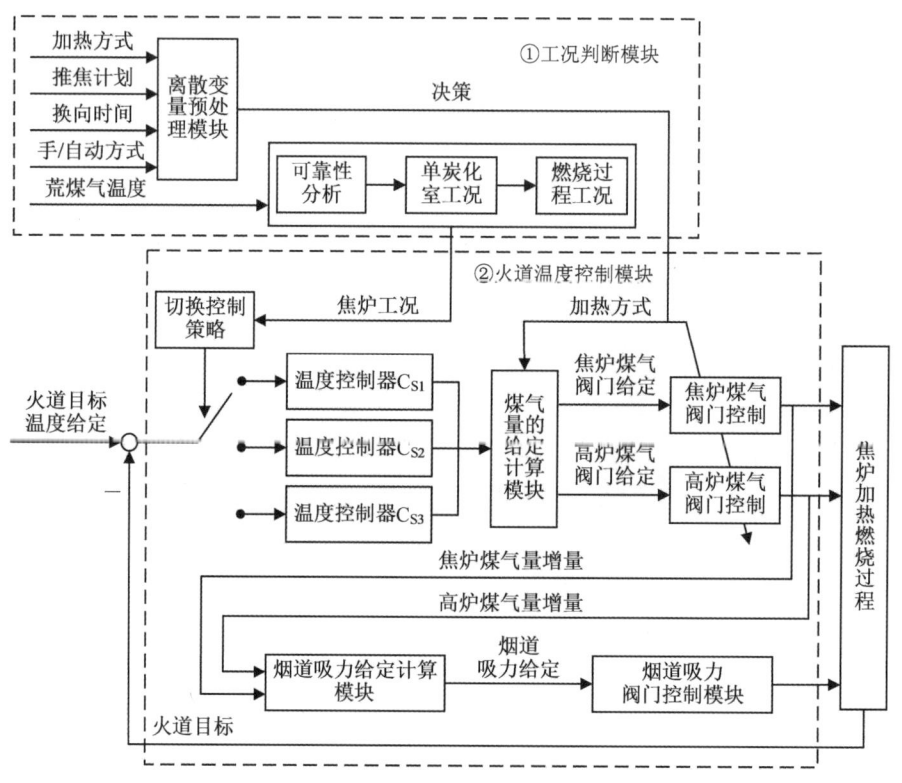

图 3-7　火道温度智能集成系统控制结构图

根据焦炉火道温度控制的目标,温度控制系统主要由两个相互关联的子系统构成,即温度控制系统和阀门控制系统。由于阀门控制系统的工作频率远高于温度控制系统,故将它们分成两个独立的子系统。根据以上分析,以温度反馈、煤气流量和烟道吸力的反馈控制为基础,应用串级控制的思想,将火道温度智能集成控制系统分为主、副两个回路。

主回路为温度智能控制回路,主要作用是保证火道温度稳定在目标温度附近。在考虑加热煤气种类、加热制度等参数的情况下,设计不同工况下的温度控制器,根据实时工况判断的结果,选择合适的温度控制器,以弱化复杂工况和变时滞给控制带来的困难;同时,在煤气流量发生改变时,建立烟道吸力的数学模型,对机、焦侧吸力进行及时调节。温度控制器 $C_{S1}$、$C_{S2}$、$C_{S3}$ 分别用于 $S_1$(正常生产状态)、$S_2$(停止推焦状态)、$S_3$(等待推焦状态)3 种工况下的温度控制。

副回路为阀门控制回路,主要作用是保证现场的煤气流量与烟道吸力稳定且跟随设定值,是主回路温度优化控制的基础。阀门控制器的设计采用模糊控制与专家控制相结合的智能控制方法,通过实时调节阀门开度,以克服外界扰动带来的煤气流量及烟道吸力的波动。

## 一、焦炉供热量智能控制

焦炉火道温度的控制主要是通过煤气流量调节,但是由加热燃烧过程的复杂特性不能得到火道温度与煤气流量准确的数学模型,采取传统的控制方式难以达到预期的控制效果,因此,当火道温度与设定温度之间存在偏差时,温度控制回路在考虑加热煤气种类、热值等参数的情况下,采用模糊控制策略计算火道温度相应增减所需改变的煤气流量。

焦炉加热方式有焦炉煤气加热、高炉煤气加热和混合煤气加热 3 种,本书以混合煤气加热的焦炉为例进行介绍,该焦炉以固定高炉煤气、调节焦炉煤气的方式为例进行说明。由于加热燃烧过程是一个大滞后的过程,在对火道温度进行控制时,不仅要考虑火道温度的偏差,还要考虑温度变化的趋势,因此采用一个二输入的模糊控制器进行控制。输入为温度的偏差 $e$,偏差变化率为 $ec$,输出为煤气量的变化量 $\Delta u$。$e$ 和 $ec$ 的基本论域是 $[-20℃,20℃]$,$\Delta u$ 的基本论域是 $[-200 m^3/h, 200 m^3/h]$。模糊子集 $E$ 和 $EC$ 的论域为 $[-5,-4,-3,-2,-1,0,1,2,3,4,5]$,$\Delta U$ 的模糊子集论域是 $[-5,-4,-3,-2,-1,0,1,2,3,4,5]$。将 $E$、$EC$ 和 $\Delta U$ 分为 5 个等级,分别为负大、负中、零、正中、正大,表示为 $[NB, NM, ZO, PM, PB]$。

在焦炉加热燃烧过程中不同的生产状态下,温度的偏差和偏差的变化率在决定煤气量的改变时所起的作用和权重是不同的,采用一种带加权系数的方法来建立模糊控制规则:

$$\Delta U = -\beta[\alpha E + (1-\alpha)EC] \tag{3-1}$$

式中:$\alpha$、$\beta$ 为可变的参数,其中 $0<\alpha<1$。$\alpha$、$\beta$ 的值要根据不同的生产状况进行确定。

在正常生产状态下,$\beta=1$,$\alpha$ 主要根据火道偏差大小的情况而定。当偏差较大时,控制系统的主要任务是消除偏差,这时对偏差在控制规则中的加权应该大些;而当偏差较小时,系统已经接近稳态,控制系统的主要任务是减小超调,这样就要求在控制规则中偏差变化起的作用大些。根据以上要求,根据偏差等级引入不同的加权因子,控制规则表示中 $\alpha$、$\beta$ 的取值为

$$\begin{cases} \beta=1, \alpha=0.35 & E=0, \pm 1, \pm 2 \\ \beta=1, \alpha=0.5 & E=\pm 3, \pm 4 \\ \beta=1, \alpha=0.7 & E=\pm 5 \end{cases} \tag{3-2}$$

当处于停止推焦状态时,火道温度上升很快,由于此时处于结焦末期的炭化室增多,加热过程对于温度正偏差和正变化趋势较为敏感,因此煤气流量调整主要是抑制火道温度的快速升高。

当火道温度偏差较小,有上升趋势时,应主要考虑温度变化的趋势对温度的影响,增大

控制规则中温度偏差变化率的权重;若温度下降,考虑到当前所处的生产状态,应弱化温度偏差变化率的影响。当火道温度偏差为正时,如果 $EC$ 非负,为了减小已经产生的正偏差,同时抑制温度进一步升高,应取 $\beta>1$;若 $EC<0$,应弱化其作用。如果此时火道温度本身偏低,但 $EC$ 非负,应该增大 $EC$ 的权重;如果 $EC<0$,则煤气流量增大的幅度应该比正常情况下小,取 $\beta<1$。根据以上分析,处于停止推焦状态时,控制规则表中 $\alpha$、$\beta$ 的取值为

$$\begin{cases} \beta=1, \alpha=0.3 & E=0,\pm1;EC\geqslant 0 \\ \beta=1, \alpha=0.6 & E=0,\pm1;EC<0 \\ \beta=1.25, \alpha=0.5 & E=2,3,4,5;EC\geqslant 0 \\ \beta=1, \alpha=0.8 & E=2,3,4,5;EC<0 \\ \beta=1, \alpha=0.3 & E=-2,-3,-4,-5;EC\geqslant 0 \\ \beta=0.8, \alpha=0.5 & E=-2,-3,-4,-5;EC<0 \end{cases} \tag{3-3}$$

当处于等待推焦状态时,火道温度下降较快,此时处于结焦初期的炭化室增多,加热过程对于温度负偏差和负偏差变化率比较敏感,因此煤气流量调整主要是抑制火道温度的降低。

当火道温度偏差较小并且有上升的趋势,应增大火道温度偏差的权重;如果火道温度偏差变化率为负,考虑到当前所处的生产状态,应强化偏差变化率的影响。当火道温度偏差为正,若 $EC$ 非负,煤气的减少量应该比正常情况小,取 $\beta<1$;若 $EC<0$,应增大 $EC$ 的权值,强化其作用。如果火道温度本身就已经偏低,而 $EC$ 非负,应该减小 $EC$ 的权重;如果 $EC<0$,为了尽快减小偏差,并且抑制温度进一步下降,应取 $\beta>1$。因此,等待推焦状态时,控制规则表中 $\alpha$、$\beta$ 的取值为

$$\begin{cases} \beta=1, \alpha=0.7 & E=0,\pm1;EC\geqslant 0 \\ \beta=1, \alpha=0.3 & E=0,\pm1;EC<0 \\ \beta=0.8, \alpha=0.5 & E=2,3,4,5;EC\geqslant 0 \\ \beta=1, \alpha=0.4 & E=2,3,4,5;EC<0 \\ \beta=1, \alpha=0.7 & E=-2,-3,-4,-5;EC\geqslant 0 \\ \beta=1.25, \alpha=0.5 & E=-2,-3,-4,-5;EC<0 \end{cases} \tag{3-4}$$

根据以上分析设计模糊控制规则表,由控制周期采集的火道温度偏差及偏差变化率,再根据它们模糊化的结果查询模糊控制表,得到控制量的模糊量 $\Delta U$,并进行解模糊,求取精确量,从而实现复杂工况下火道温度和煤气流量的模糊控制。

模糊控制的显著缺点是控制精度不高、自适应能力有限、存在稳态误差、可能引起振荡,因此在大滞后系统的控制中存在一定的不足。鉴于专家控制良好的动态特性和鲁棒性,可利用专家控制来大致估计控制过程未来的输出及变化趋势,并使专家控制器给出相应的补偿控制量修正模糊控制律,使模糊控制算法在大滞后过程控制中也可取得较好的控制效果。

根据焦炉自身工艺特点及对过程数据的分析结果,采用专家规则对多模态模糊控制器进行补偿,以下详细介绍专家规则的具体制订。

**1. 保持稳定性的修正**

当连续 3 个周期内控制误差均在 ±0.5℃ 以内时,则认为系统进入振动饱和状态,本周

期将不进行模糊控制,控制输出保持上次控制量不变,即

  Rule 1：IF   $|e(k-i)|<0.5$  $(i=0,\cdots,3)$

     THEN $\Delta u(k)=0$

其中,$k$ 为前采样时刻;$i$ 为相对于当前时刻 $k$ 的滞后步长。

### 2. 减少稳态误差的修正

模糊控制器易使系统产生一定程度的稳态误差,为了减小此稳态误差,对控制器进行如下修正。

  Rule2： IF   $|\Delta e(k-i)|<0.001$ $(i=0,\cdots,3)$ AND $e(k)>2$

     THEN $\Delta u(k)=\Delta u(k)+50$        （调节高炉煤气时）

         $\Delta u(k)=\Delta u(k)+25$        （调节焦炉煤气时）

  Rule3： IF   $|\Delta e(k-i)|<0.001$ $(i=0,\cdots,3)$ AND $e(k)<-2$

     THEN $\Delta u(k)=\Delta u(k)-50$        （调节高炉煤气时）

         $\Delta u(k)=\Delta u(k)-25$        （调节焦炉煤气时）

由于焦炉煤气的热值大于高炉煤气的热值,调节相同的温度控制偏差所需的焦炉煤气调节量应小于高炉煤气调节量。规则中的调节量为经验值。若调节量大于此值,易使系统在控制给定值附近来回振荡;若调节量过小,则使系统稳定时间过长。

### 3. 缩短调节时间的修正

如果 $k$ 时刻的控制输出比期望输出小,并且在前 $d$ 时刻中($d$ 为滞后时间)存在控制输出比 $k$ 时刻更小的值,可以推断 $k-d$ 时刻控制的输入太小,则 $k-d$ 时刻控制器的理想输出应比实际输出更大些;相反,如果 $k$ 时刻过程输出比期望输出大,并且在前 $d$ 时刻中存在过程输出比 $k$ 时刻更大的值,可以推断 $k-d$ 时刻过程的输入太大,则 $k-d$ 时刻控制器的理想输出应比实际输出更小些,即按照以下规则计算。

  Rule4： IF  $e(k)<0$ AND $\exists e(k-i)(i\leqslant d)$ 使得 $e(k-i)<e(k)$

     THEN $\Delta u(k)=\Delta u(k)+\alpha\times\Delta u(k)$

  Rule5： IF  $e(k)>0$ AND $\exists e(k-i)(i\leqslant d)$ 使得 $e(k-i)>e(k)$

     THEN $\Delta u(k)=\Delta u(k)-\alpha\times\Delta u(k)$

$\alpha=0.3$ 时,系统达到控制最优效果;若 $\alpha>0.3$,系统振荡次数增加,超调变大;若 $\alpha<0.3$,系统调节时间变长。

### 4. 提高响应速度的修正

当被控对象出现较大偏差时,主要任务是尽快地消除偏差。为提高响应速度,系统需对控制量进行补偿,以加强控制效果,控制规则如下。

  Rule6： IF   $e(k)\geqslant20$

     THEN $\Delta u(k)=\Delta u(k)+300$   （调节高炉煤气时）

         $\Delta u(k)=\Delta u(k)+150$   （调节焦炉煤气时）

  Rule7： IF   $10\leqslant e(k)<20$

$$\text{THEN} \quad \Delta u(k) = \Delta u(k) + 200 \quad \text{（调节高炉煤气时）}$$
$$\Delta u(k) = \Delta u(k) + 100 \quad \text{（调节焦炉煤气时）}$$

Rule8：IF $|e(k)| < 10$
THEN $\Delta u(k) = \Delta u(k)$

Rule9：IF $-20 < e(k) \leq -10$
$$\text{THEN} \quad \Delta u(k) = \Delta u(k) - 200 \quad \text{（调节高炉煤气时）}$$
$$\Delta u(k) = \Delta u(k) - 100 \quad \text{（调节焦炉煤气时）}$$

Rule10：IF $e(k) \leq -20$
$$\text{THEN} \quad \Delta u(k) = \Delta u(k) - 300 \quad \text{（调节高炉煤气时）}$$
$$\Delta u(k) = \Delta u(k) - 150 \quad \text{（调节焦炉煤气时）}$$

## 二、空气量给定控制

煤气的燃烧需要空气，在焦炉中空气通过自然抽风的形式进入燃烧系统，空气量的多少直接影响燃烧的效率。在空气量的调节中必须避免两种情况，一种是空气量不足使煤气过剩并排放到大气中；另一种是空气过量使废气带走了大量的热量，这两种情况直接导致了能源浪费和燃烧效率降低。因而在对焦炉供热量进行控制的同时，也应对空气量的给定进行控制。

焦炉加热所需要空气量的调节分为两个部分：一是手工改变空气进风口挡板的开度，保证煤气和空气量的大体平衡，即粗调过程；二是调节烟道吸力，在风门不变的情况下，可由吸力控制空气量，即细调过程。本节所设计的控制系统主要通过控制烟道吸力调节空气供给量。

空气量适当与否要通过分析机、焦侧废气中的含氧量来衡量，空气量不足或过剩将导致含氧量过低或过高。含氧量数据一般可以通过以下两种方式得到：一种是对废气取样后在实验室进行分析；另一种是在机、焦侧烟道安装氧化锆进行在线检测。烟道吸力模型实质上是一种不需要氧化锆的烟道吸力调节结构，是指煤气流量与烟道吸力之间的数学关系。烟道吸力的给定采用前馈控制结构，如图 3-8 所示，在不同加热方式下，根据煤气流量的增量来计算烟道吸力给定，实现烟道吸力的调节。

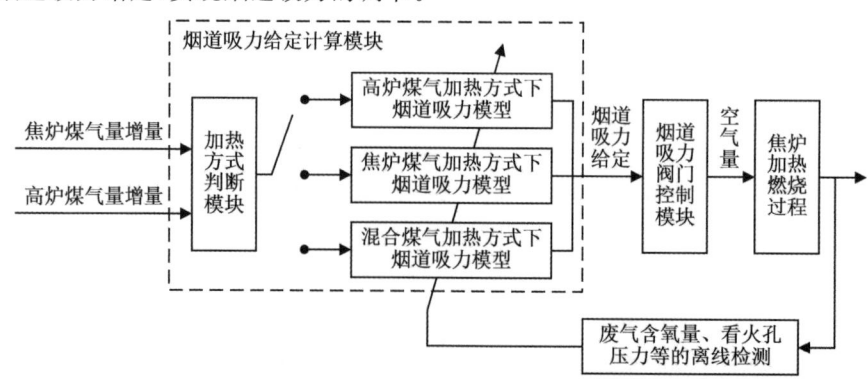

图 3-8　烟道吸力的前馈控制结构图

烟道吸力模型只根据煤气流量数据便可确定合适的吸力给定,从而使自动加热过程摆脱对氧化锆的依赖。同时,该模型简化了吸力调节系统的结构,降低了投资和维护成本,提高了吸力调节的可靠性。

# 第三节　焦炉集气管压力控制方案设计与实现

在炼焦生产和回收荒煤气过程中,集气管压力是一个重要的工艺参数,其值稳定与否直接影响煤气质量、焦炉寿命和生产环境。集气管压力过低,炭化室会吸入空气导致焦炭燃烧,升高煤气系统的温度,从而加重冷却系统的负担,产生不必要的能源消耗。压力过高,则会导致焦炉跑烟冒火,既污染环境又浪费大量能源,并且着火会使炉柱受热从而导致强度下降,缩短炉龄。由此可见,保持集气管压力的稳定对炼焦生产具有重要意义。

集气管压力系统的控制方式为:1♯和2♯焦炉集气管各有两个压力检测点,通过这两个压力检测点的联合检测可得到各集气管的压力值,同时每个集气管各有一个蝶阀,通过控制这两个蝶阀的开度来稳定集气管压力。由于1♯、2♯焦炉荒煤气产量高,为保证焦炉的正常生产,1♯、2♯焦炉集气管压力一般要求稳定在100Pa附近。

本节针对集气过程的特性阐述集成解耦控制算法的设计过程。在单座焦炉分管控制的基础上,对焦炉集气管蝶阀开度和各管压力进行耦合特性分析,结合模糊控制、前馈控制、模糊解耦等控制技术,设计组内解耦控制器,最终组成焦炉集气管压力控制算法。

## 一、单回路集气管压力控制

解耦与协调控制算法的第一步是针对焦炉集气过程中的控制对象特性变化设计单座焦炉集气管压力回路控制器,克服压力的主要扰动。单座焦炉集气管压力回路控制结构如图3-9所示,图中 $r$ 为单座焦炉压力设定值,$y$ 为单座焦炉压力检测值,$u$ 为模糊控制器或者PID控制器计算得到的蝶阀控制值,$v$ 为经过专家控制器修正后的蝶阀控制值。

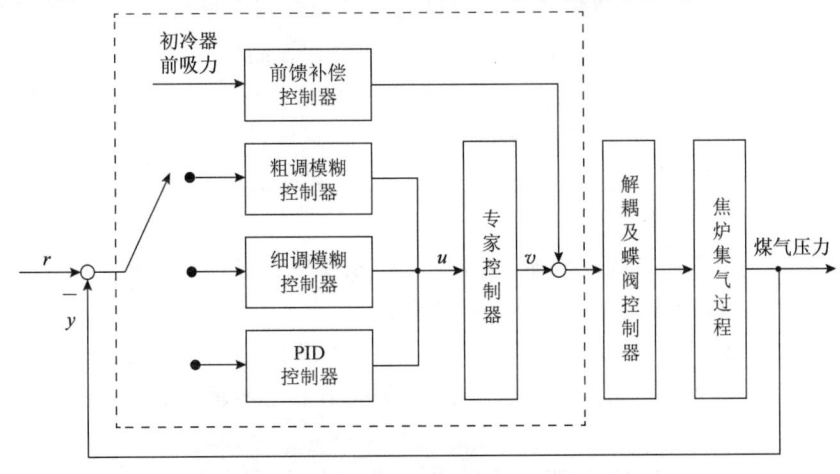

图3-9　单座焦炉集气管压力回路控制器结构图

单座焦炉集气管压力回路控制主要包括模糊控制、专家控制和前馈补偿控制3个部分。模糊控制根据压力偏差范围和偏差变化率设计不同的模糊控制器,以适应实际工况。专家控制针对特殊工况条件下的模糊推理方法无法得出的情况作进一步处理。前馈补偿控制针对某些因素对煤气混合过程的大干扰进行快速抑制。

当煤气热值或压力给定值与反馈值的偏差超出一定范围时,为了将热值或压力快速回调,采用步长较大的粗调模糊控制器进行控制;当偏差值在规定的范围内时,采用步长较小的细调模糊控制器进行控制。根据模糊控制设计方法,结合煤气热值或压力的手动控制经验,设计步骤与规则如下。

1. 确定模糊控制器的输入变量和输出变量

为了保证具有较好的动态性能,粗调、细调模糊控制器均采用二维控制器,模糊控制器的输入是煤气热值或压力的设定值与检测值的差值 $E$、差值的变化率 $EC$,模糊控制器的输出是蝶阀的开度 $U$。

2. 确定模糊变量集合

在粗调模糊控制器的隶属度函数设计上,考虑到控制的精度不用太高,故 $E$ 和 $EC$ 的隶属度函数都采用梯形隶属函数。在细调模糊控制器的隶属度函数设计上,控制的精度要求比较高,故采用三角形隶属度函数。

PID 控制是工业中应用较为广泛的一种控制规律。在此控制系统中,PID 控制主要是选择好最佳控制参数。当比例控制作用加大时,系统动作灵敏,速度加快;作用偏大时,振荡次数增多,调节时间加长。但控制作用太大时,系统将不稳定,控制作用太小时,又会使系统动作缓慢。在系统稳定的情况下,加大比例控制可以减少稳态误差,提高控制精度,但不能完全消除稳态误差。积分控制使系统的稳定性下降,能消除系统的稳态误差,提高控制系统的控制精度;微分控制可以改善系统的动态特性(如超调量减少,调节时间缩短),使系统稳态误差减少,提高控制精度。由于焦炉集气管蝶阀的动作直接影响集气管压力,当焦炉集气管压力偏差在 ±60Pa 之外,此时采用模糊控制器调节周期过长,集气管压力难以迅速回到平衡区,应通过调节翻板迅速使集气管压力稳定在模糊控制区域,并选择最佳 PID 控制参数。因此采用 PID 控制算法计算蝶阀控制值就能较好地控制集气管压力。

考虑到多座不对称焦炉集气过程压力的特性、系统检测点以及工况识别的关系,每座焦炉集气管压力系统需采用相应的专家控制算法设计控制器。在焦炉集气过程中,专家控制器主要用于控制一些特殊工况。专家控制有前向推理和逆向推理两种,这里采用专家控制的前向推理。

根据焦炉煤气主管压力扰动规律,采用专家控制算法实现对 1# 和 2# 焦炉集气管蝶阀的控制,其专家控制决策层包含以下3条规则:

(1) 压力基本稳定在给定值 ±20Pa 以内时,考虑到煤气自身流体的不稳定波动(±10Pa)较小以及蝶阀动作的灵敏度,根据专家规则采用零输出控制,即输出控制增量为零。

(2) 由于管道阻力、机前机后阻力的影响,产生的压力扰动变化不是很快,常规控制方法无法满足控制要求,根据细调规则采用步长较小的细调模糊控制器实现。

(3) 当出现推焦、初冷器吸力和外送压力突变时,压力变化很大,根据粗调规则采用步长较大的粗调模糊控制器实现。

考虑到系统已经采用了反馈控制,此时的前馈控制只是为了补偿干扰因素的扰动对被调参数的影响,因此主要采用基于前馈调节的补偿控制器。

初冷器前吸力的变化会引起 1♯、2♯ 焦炉集气管压力的剧烈波动。针对这一问题,在设计 1♯、2♯ 焦炉集气管单座控制器的基础上,引入初冷器前吸力的前馈控制策略,以提升系统的稳定性。下面以 1♯ 焦炉集气管控制器为例,说明前馈控制的设计思路。

$$u_1(k) = u_1(k-1) + U_1(k) + \alpha \tag{3-5}$$

$$\alpha = \frac{\Delta \varphi}{800} \tag{3-6}$$

式中:$u_1(k)$、$u_1(k-1)$ 分别为 1♯ 蝶阀本次以及上次的控制值;$U_1(k)$ 为模糊专家控制器计算得到的 1♯ 焦炉蝶阀开度增量值;$\alpha$ 为初冷器前吸力对 1♯ 焦炉集气管的补偿控制量,采用相关系数法由初冷器前吸力与各管蝶阀的相互关系求得;$\Delta \varphi$ 为初冷器前吸力的变化率。由于对象模型参数的不确定性,对初冷器前吸力的变化只是实现了部分补偿,系统把前馈控制与反馈控制结合起来,通过前馈控制扰动的影响,并在此基础上通过反馈控制进一步抑制扰动的影响,确保即使有较大范围内频繁变动的扰动,系统仍能获得优良的品质。

## 二、焦炉模糊解耦控制

基于耦合度分析的解耦控制是焦炉集气过程解耦控制算法的核心,关系整个控制系统的运行效果。由于集气过程的多变量之间存在不对称特性及耦合特性,如果采用常规设计方法设计多变量控制器的解耦控制算法,要得到线性定常的以及精确度较高的数学模型是不易办到的,或者也会由于其复杂性难以适用于工业现场的实时控制。

采用模糊解耦控制不需要对被控对象建立精确的数学模型,这对具有非线性、时变性和耦合性等特征的控制对象尤为适用。通过经验总结,分析焦炉集气过程特性和蝶阀属性,再根据耦合度分析对多座不对称焦炉进行分组之后,采用基于专家规则的模糊解耦控制算法,可以克服回路间的相互干扰,近似地将多变量过程分解为独立的单入、单出过程。

由蝶阀开度与压力耦合度的计算结果可知,1♯ 焦炉集气管与 2♯ 焦炉集气管之间的耦合受到焦炉容量和所在地理位置的影响,是集气管压力系统中相互影响最大的一种耦合。当某座焦炉集气管压力或者蝶阀开度发生波动时,将会对另一座焦炉压力产生影响。采用组内解耦控制算法所设计的组内模糊解耦控制器给出蝶阀控制增量的修正量,可以尽快实现组内平衡。

对各焦炉集气管压力回路而言,压力的波动都将在其回路调节增量(蝶阀开度变化)中反映出来,因此,1♯、2♯ 组内解耦控制器的输入选取两个单管模糊控制器的控制增量 $U_1$、$U_2$,输出为控制增量的修正量 $v_1$、$v_2$。该模糊解耦控制器实际上是一个双输入 ($U_1$, $U_2$)、双输出 ($v_1$, $v_2$) 的模糊控制器。1♯、2♯ 组内解耦控制器的结构如图 3-10 所示,其中虚线部分为组内解耦控制器。

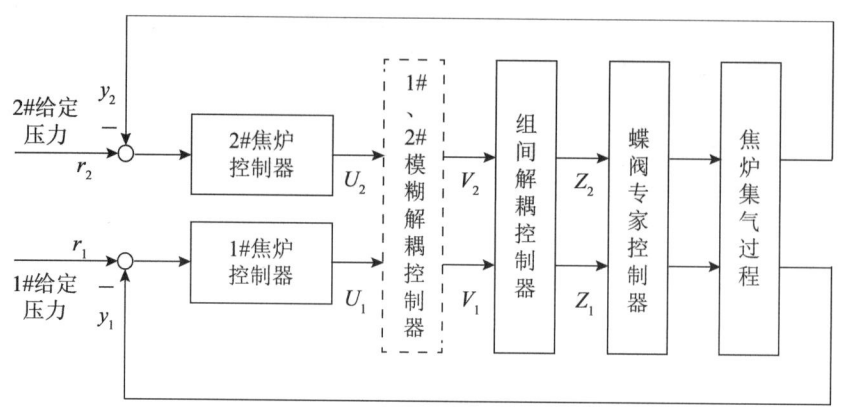

图 3-10　1#、2# 组内解耦控制器结构

通过对大量数据进行分析,同时考虑到压力波动对控制精度的要求,模糊变量的词集选择为 5 个：$\{U_1\}=\{U_2\}=\{v_1\}=\{v_2\}=\{$负大,负小,零,正小,正大$\}=\{$NB,NS,ZO,PS,PB$\}$,论域分别为：$\{U_1\}=\{U_2\}=\{-5,-4,-3,-2,-1,0,1,2,3,4,5\}$；$\{v_1\}=\{v_2\}=\{-6,-5,-4,-3,-2,-1,0,1,2,3,4,5,6\}$。

针对多变量之间的耦合性问题,采用模糊解耦规则进行处理,基于焦炉间的耦合关系分析确立模糊解耦控制规则：当 1# 集气管的压力高于 2# 集气管的压力时,设采用单管模糊控制时阀门输出增量为 $U_1$ 和 $U_2$。由于此时 1# 集气管的煤气还要流向 2# 集气管,1# 集气管压力会下降,2# 集气管压力会上升,因而实际的输出增量需要在 $U_1$ 和 $U_2$ 的基础上分别减去和加上一个大于零的修正量 $\Delta v$。

由于组间的集气管道较长,组间耦合时间比组内焦炉耦合的时间要相对慢得多,组间解耦可在组内解耦的基础上单独予以处理。所谓组间解耦,是根据两组压力之间的波动和各蝶阀开度变化情况,给出各蝶阀控制增量的二次修正值,以实现两组集气管压力平衡。

由于 1#、2# 模糊专家控制器输出为蝶阀增量 $U_1$、$U_2$,而组内解耦控制器输出为蝶阀修正量 $v_1$、$v_2$,此时 1#、2# 焦炉集气管蝶阀的控制增量为 $V_1=U_1+v_1$、$V_2=U_2+v_2$。取 $V_{12}=(V_1+V_2)/2$ 作为组间解耦控制规则的输入量,并设解耦控制器的输出 $Z_{11}$ 为控制增量的组间解耦修正量。

经组内解耦和组间解耦修正后,各焦炉集气管蝶阀的实际控制调节增量分别为

$$Z_1=V_1+Z_{11}=U_1+v_1+Z_{11} \tag{3-7}$$

$$Z_2=V_2+Z_{11}=U_2+v_2+Z_{11} \tag{3-8}$$

## 三、蝶阀专家控制

在多座不对称焦炉煤气集气过程中,现场各座焦炉集气管道上分别有一个蝶阀,由于蝶阀本身的流量特性、蝶阀的死区和因老化产生的影响,对控制量下发的精度存在较大的影响。因此,本节分析蝶阀组的流量特性,并在此基础上设计蝶阀开度的专家控制器,使单个蝶阀更好地响应控制量,提高控制品质。

执行机构是自动控制系统不可缺少的组成部分,它接受控制器或人工给定的控制信号,

对该信号进行功率放大,并转换为输出轴相应的转角或直线位移,连续地或断续地推动各种控制机构,以完成对生产过程各种参量的控制。在系统中,蝶阀就是这样的执行机构,所以根据蝶阀的流量特性合理设计蝶阀控制特性对于保证本系统的控制精度具有很重要的意义。

蝶阀开度从 0°开始,在小开度和大开度时调节作用比较弱且不够及时,而在开度的中段调节的作用较好。同时,阀门调节中的最小开度不宜过小,以免阀芯、阀座受流体冲蚀严重,缩短寿命。因此,根据蝶阀的流量特性合理设计蝶阀专家控制器对于保证系统的控制精度具有很重要的意义。

在开度为 0%～5% 时,由于蝶板的厚度较大,蝶板还未脱离阀座密封圈,蝶阀实际上没有打开,流量为零。当开度大于 5% 时,蝶板脱离密封圈,随开度增加,流量增加。

在开度为 5%～30% 时,蝶阀的流量特性曲线为快开型,用微分方程描述为

$$\frac{dR}{du} = KR^{-1} \tag{3-9}$$

式中:$K$ 为相应蝶阀起调节功能时的放大系数;$R$ 为流量 $m^3/h$;$u$ 为蝶阀开度。在开度为 30%～70% 时,流量特性曲线为直线型,用微分方程描述为

$$\frac{dR}{du} = K \tag{3-10}$$

蝶阀开度为 70%～100% 时基本已无调节作用。

从以上公式可以看出,$K$ 值越大,曲线越陡,也就是蝶阀起调节功能的范围越小;反之,蝶阀起调节功能的范围越大。

由对蝶阀特性的分析可见,在不同的阀位区域,相同的阀位调节作用是不同的,为此有必要进行蝶阀专家算法修正。因此在系统中设计了单蝶阀专家修正器,拟合了蝶阀的流量特性曲线,在不同的蝶阀开度区间用不同的参数修正控制量。

本节针对多座焦炉煤气集气过程具有的多输入多输出、扰动多且变化激烈、耦合严重且具有强不对称特性的特点提出了将解耦控制算法、模糊控制算法、专家控制算法、前馈控制算法等相结合的解耦控制算法,将各种控制算法的简便性、可靠性、抗扰动快速性、灵活性融为一体,发挥各自的长处,消除了多座不对称焦炉集气管压力的相互影响,并最终实现了多座不对称焦炉集气管压力的解耦控制。

# 第四节　干熄焦全自动运行控制方案设计与实现

采用干熄焦工艺冶炼焦炭不但可以提高高炉炼铁的生产能力,而且可以回收利用焦炭的显热来产蒸汽,蒸汽可用来发电或供热。近几年我国在干熄焦技术和设备的国产化方面都有了突飞猛进的发展,但在自动化控制的创新和完善与国外的技术差距还比较大,因此干熄焦的自动化控制系统的研究具有重要意义。本节针对干熄焦预存室料位、循环风量以及预存室压力 3 个控制点的特征,分别设计自动控制方案,实现干熄焦过程的节能降耗,提高企业收益。各控制点控制需求如下。

（1）预存室料位自动控制需求：一段时间内（一般以班为单位）操作人员将出炉数、单炉操作时间、检修时间、单炉产量以及最终干熄炉料位控制目标设定后，能自动计算及调整振动给料器排焦振幅，同时要求振幅调整幅度每小时的波动不能超过 4%。

（2）预存室压力自动控制需求：预存室压力调整模式分成装焦与不装焦两种控制方式，装焦时采取经验控制模式，不装焦时采取模糊控制方式。

## 一、预存室料位自动控制

干熄焦料位是保证干熄焦过程稳定与安全的关键。干熄焦排焦过程主要特点是排焦连续、装焦不连续。如图 3-11 所示为一个检修周期内的关键料位，检修周期内的关键料位包括 1 次装焦前的最低料位 $h_{\min}$、2 次装焦前的最低料位 $h_{\min\_next}$、检修时的最低料位 $h\_T_{\min}$ 以及检修时间开始时的最高料位 $h\_T_{\max}$。假设当前时刻为 $T$，需要预测 $h_{\min}$、$h_{\min\_next}$、$h\_T_{\min}$、$h\_T_{\max}$ 四个关键料位。$T_1, T_2, \cdots, T_6$ 以及 $t_1, t_2, \cdots, t_7$ 可以通过读取装焦计划表获得。

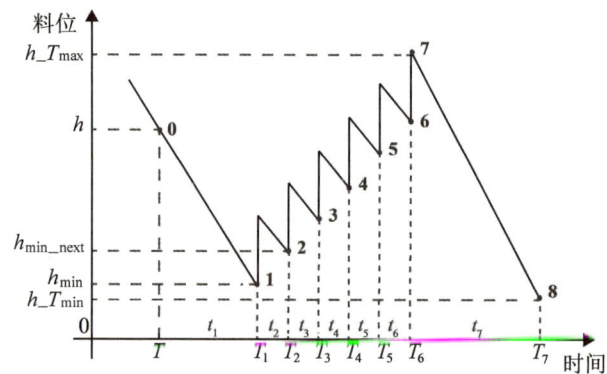

图 3-11 检修周期内关键料位

1. 基于最小二乘法的料位预测模型

根据干熄焦料位变化原理，干熄炉中预测的最低料位可表示为

$$h_{\min} = h - \Delta h \tag{3-11}$$

式中：$h_{\min}$ 为预测的下次装焦前的最低料位；$h$ 为当前料位，m；$\Delta h$ 为料位变化量。从本次装完焦到下次装焦前，$\Delta h$ 的大小完全取决于这段时间内的总排焦量。

根据质量、密度与体积的关系，排焦总重量表示为

$$m_{总} = \rho \Delta V = \rho \Delta h S \tag{3-12}$$

式中：$m_{总}$ 为从当前到下次装焦前这段时间内的排焦总重量，kg；$\rho$ 为焦炭密度，kg/m³；$\Delta V$ 为变化的焦炭体积，m³；干熄炉中部呈圆柱形，$S$ 为干熄炉的截面积，m²。

由于抖动给料器采用线性阀，排焦量与振幅呈线性关系。因此，保持当前振幅则排焦总重量也可以表示为

$$m_{总} = t_{plan} Q = t_{plan} k P \tag{3-13}$$

式中：$t_{plan}$ 为当前时间到下一次装焦的这段时间，s；$Q$ 为每小时排出的焦炭总量，kg；$k$ 为常数；$P$ 为振幅，mm。

令式(3-12)与式(3-13)相等,得到 $\Delta h$ 与振幅 $P$ 的关系,代入式(3-11)得到最低料位预测模型为

$$h_{\min}=h-\frac{k}{S\rho}Pt_{\text{plan}} \tag{3-14}$$

利用最小二乘法对式(3-14)进行参数辨识,其中 $h_{\min}$ 为预测数据,$h$、$P$ 以及 $t_{\text{plan}}$ 为生产数据,可得到辨识参数 $C$,即

$$C=\frac{k}{S\rho} \tag{3-15}$$

为了避免振幅波动太大,需要预测到接下来几次装焦后的最低料位,提前控制。每次装焦料位增加 $h_a$,那么 $n+1$ 次装焦前的最低料位可表示为

$$h_{\min}(n+1)=h+n\times h_a-CPt_{n+1} \tag{3-16}$$

式中:$h_{\min}(n+1)$ 为 $n+1$ 次装焦前的最低料位;$t_{n+1}$ 为当前时间到 $n+1$ 次装焦的时间间隔。

读取装焦计划表得到检修前装焦次数 $n=k$,结合式(3-16)分别计算得到

$$h_{\min}=h-CPt_1 \tag{3-17}$$

$$h_{\min\_\text{next}}=h+h_a-CP(t_1+t_2) \tag{3-18}$$

$$h\_T_{\min}=h+k\times h_a-(b_1P+b_2)(t_1+t_2+\cdots+t_n) \tag{3-19}$$

$$h\_T_{\max}=h+k\times h_a-(b_1P+b_2)(t_1+t_2+\cdots+t_{n-1}) \tag{3-20}$$

**2. 专家控制器**

为使预存室料位稳定在安全范围内,根据预测结果 $h_{\min}$、$h_{\min\_\text{next}}$、$h\_T_{\min}$、$h\_T_{\max}$ 调节振幅进行料位控制。总结实际操作经验,设计专家控制规则如下。

R1:IF $h_{\min\_\text{next}}$ 不合理 AND $P_1$ 下的 $h_{\min}$ 合理,THEN $P=P_1$;

R2:IF $h_{\min\_\text{next}}$ 不合理 AND $P_1$ 下的 $h_{\min}$ 不合理,THEN $P=P_{11}$;

R3:IF $h_{\min\_\text{next}}$ 合理 AND $h\_T_{\min}$ 不合理 AND $P_2$ 下的 $h\_T_{\max}$ 合理 AND $P_2$ 下的 $h_{\min}$ 合理,THEN $P=P_2$;

R4:IF $h_{\min\_\text{next}}$ 合理 AND $h\_T_{\min}$ 不合理 AND $P_2$ 下的 $h\_T_{\max}$ 合理 AND $P_2$ 下的 $h_{\min}$ 不合理,THEN $P=P_{21}$;

R5:IF $h_{\min\_\text{next}}$ 合理 AND $h\_T_{\min}$ 不合理 AND $P_2$ 下的 $h\_T_{\max}$ 不合理 AND $P_3$ 下的 $h_{\min}$ 合理,THEN $P=P_3$;

R6:IF $h_{\min\_\text{next}}$ 合理 AND $h\_T_{\min}$ 不合理 AND $P_2$ 下的 $h\_T_{\max}$ 不合理 AND $P_3$ 下的 $h_{\min}$ 不合理,THEN $P=P_{31}$;

R7:IF $h_{\min\_\text{next}}$ 合理 AND $h\_T_{\min}$ 合理 AND $h\_T_{\max}$ 不合理 AND $P_3$ 下的 $h_{\min}$ 合理,THEN $P=P_3$;

R8:IF $h_{\min\_\text{next}}$ 合理 AND $h\_T_{\min}$ 合理 AND $h\_T_{\max}$ 不合理 AND $P_3$ 下的 $h_{\min}$ 不合理,THEN $P=P_{31}$;

R9:IF $h_{\min\_\text{next}}$ 合理 AND $h\_T_{\min}$ 合理 AND $h\_T_{\max}$ 合理 AND $h_{\min}$ 合理,THEN $P=P_0$;

R10:IF $h_{\min\_\text{next}}$ 合理 AND $h\_T_{\min}$ 合理 AND $h\_T_{\max}$ 合理 AND $h_{\min}$ 不合理,THEN $P=P_{01}$;

其中，$P_1$、$P_{11}$、$P_2$、$P_{21}$、$P_3$、$P_{31}$、$P_0$、$P_{01}$为期望的振幅，将上下限料位与期望振幅带入式(3-17)～式(3-20)验证该振幅下的料位是否合理。

由于现场风机功率有限，为了避免排焦温度过高，因此需要对振幅进行限制。当排焦温度过高时，振幅不得大于$P_T$。结合上述规则，加上排焦温度的限制，详细的现场控制流程如图 3-12 所示。

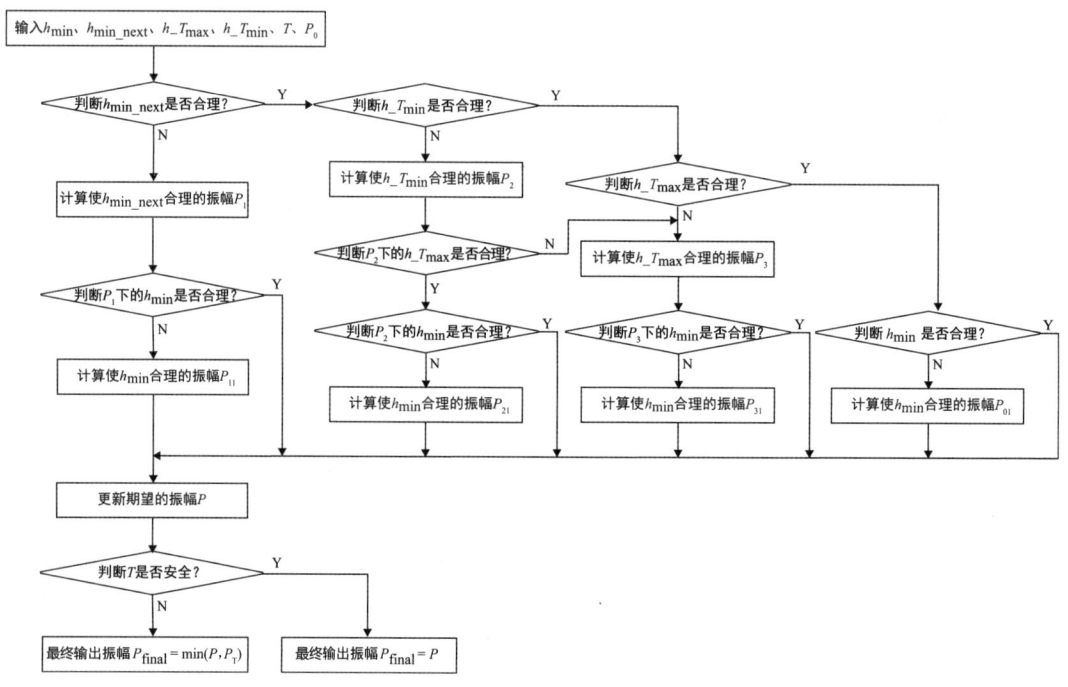

图 3-12 料位控制算法流程

## 二、预存室压力自动控制

预存室压力影响因素众多，有效控制压力可以确保干熄炉安全运行。当系统处于装焦时间段和不装焦时间段内时，预存室压力的控制方法应采取不同的模式。本节设计了基于工况识别的预存室压力控制方法，控制系统结构如图 3-13 所示。

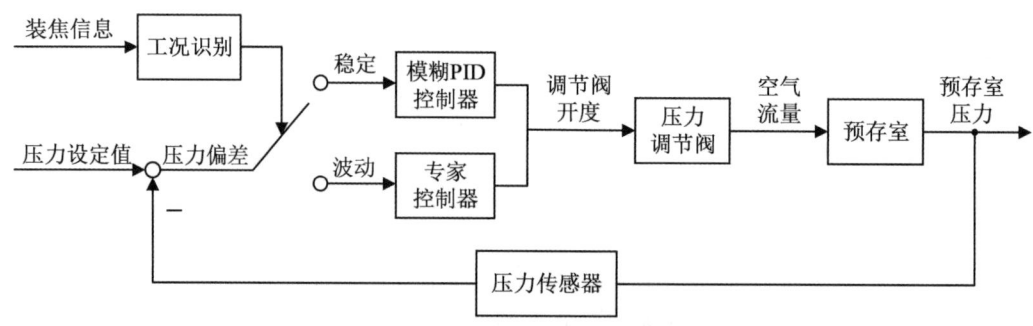

图 3-13 预存室压力控制系统结构图

首先,应对当前系统的工况进行识别,然后根据工况结果判断,若系统稳定,则采用模糊PID控制方式,若系统处于波动状态,则利用专家控制器实现压力的快速调整。图3-13中,预存室压力控制系统主要分为工况判别、模糊PID控制器、专家控制器3个部分。由于干熄焦预存室压力控制过程影响因素复杂,由过程工况参数变化所引起的过程状态参数变化往往具有很强的非线性和随机性。为了能实现分工况环境下的混合控制,必须首先能对工况情况进行划分,获得当前工况的特点描述。通过对生产工艺、生产目标、生产状态参数和控制参数进行离线分析和分类,选取工况特征参数将工况描述为两个工况参数的集合。

### 1. 模糊PID控制器

当工况识别结果为稳定时,采用模糊PID控制器控制压力。模糊PID控制器利用模糊控制技术提高PID控制器对非线性对象的控制品质,其结构如图3-14所示。通过分析预存室压力在不同状态参数附近近似线性化后的特性,结合现场操作经验建立模糊推理规则,可以根据过程状态参数在线调整PID控制中比例因子$K_P$、微分因子$K_D$和积分因子$K_I$,实现PID参数的自整定。

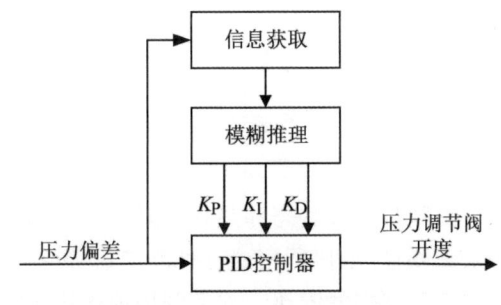

**图 3-14 模糊 PID 控制器结构**

通过机理分析并结合现场工艺要求和操作人员的经验,控制原则如下:

(1)当$E$较大、$EC$也较大时,压力波动呈增大趋势,取$K_P$较大、$K_D$较小、$K_I$较小,使系统响应速度加快以及避免较大的超调现象,并防止开始时偏差的瞬间变大可能引起的微分过饱和,使控制作用超出许可范围。

(2)当$E$中等、$EC$也中等时,压力波动不明显,取$K_P$较小、$K_D$较小、$K_I$适中,使系统具有较小的超调量以及一定的响应速度。

(3)当$E$较小时,压力波动呈减小趋势,取$K_P$和$K_I$较大、$K_D$适中,使系统具有较好的稳态性能,同时避免出现振荡。

基于以上原则可设计出表3-1所示的干熄焦压力稳定工况下的模糊控制规则表。

### 2. 专家控制器

当工况识别结果为装焦时,采用专家控制器控制压力。专家控制器能够快速作出反应,提高对被控对象的控制效果。首先根据装焦的操作经验,结合生产过程状态参数变化的特点设计专家规则,实现相关参数的在线调整。

表 3-1 压力稳定工况下的压力模糊控制规则表

| E | EC | | | | | | |
|---|---|---|---|---|---|---|---|
| | NB | NM | NS | ZO | PS | PM | PB |
| | $K_P/K_I/K_D$ | | | | | | |
| NB | PB/NB/NB | PB/NB/NB | PM/NM/NB | PM/NM/NB | PB/NB/NM | PB/NB/NB | PB/NB/NB |
| NM | PM/NM/ZO | PM/NM/ZO | PM/NS/NM | PS/NS/NM | ZO/NS/NM | ZO/NM/ZO | ZO/NM/ZO |
| NS | ZO/PM/ZO | ZO/PM/NS | ZO/PS/NM | NS/PS/NM | NM/PS/NS | NM/PM/NS | NM/PM/ZO |
| ZO | NS/PM/NS | NS/PM/NS | NS/PS/NS | ZO/ZO/NS | NS/PS/NS | NS/PM/NS | NS/PM/NS |
| PS | NM/PM/ZO | NM/PM/NS | NM/PS/NM | NS/PS/NM | ZO/PS/NM | ZO/PM/ZO | ZO/PM/ZO |
| PM | ZO/NM/ZO | ZO/NM/ZO | ZO/NS/NM | PS/NS/NM | PM/NS/PS | PM/NM/ZO | PM/NM/ZO |
| PB | PB/NB/NB | PB/NB/NB | PB/NB/NM | PB/NB/NM | PB/NB/NM | PB/NB/NB | PB/NB/NB |

通过上述基于工况识别的预存室压力控制策略,可以对装焦与不装焦的压力分别控制,从而将压力控制在适当的范围内。压力稳定可以减少炉内的烟尘扩散到周围大气中,保护环境,同时也确保了锅炉入口温度和循环气体的稳定。

## 思考题

1.炼焦生产过程的火道温度是燃烧状态和热量传递效果的直接呈现,但是实际生产中只能通过红外测温仪进行人工测量,如何利用现有可测参数实现火道温度的软测量?

2.焦炉燃烧需要精确的空气与燃气配比。如何利用前馈-反馈控制,基于燃气流量的实时变化,动态调节空气流量,确保最佳燃烧效率?

3.炼焦过程中产生的煤气需要稳定回收。如何设计一个基于煤气管网压力的反馈控制系统,通过调节回收阀门开度保持压力稳定?

4.在煤种供应条件波动(如煤种热值、灰分、挥发分、粒径等参数变化)的情况下,如何设计一个实时动态调整的配煤控制策略,通过反馈调节给料设备的速度和比例?

5.干熄焦过程中的料位、预存室压力和排焦速度相互影响,如何运用自动化控制实现这3个关键参数的协调控制,从而保证生产的稳定性和节能效果?

6.延伸讨论:在炼焦生产过程中,原煤配料的均匀性直接影响焦炭的质量和填料。如何在实际生产中优化配煤过程,以保证焦炭质量的稳定性?

7.延伸讨论:在炼焦生产中,干熄焦系统的冷却效率与焦炭质量和冷却系统紧密相关。如何通过自动控制系统实时调节循环气体的流速和压力,使得排出焦炭符合要求?

## 主要参考文献

刘昕明,吕亮,王威,2020.焦炉集气管压力状态空间建模与多模型预测控制[J].辽宁工业大学学报(自然科学版),40(5):281-285.

孙金,2020.干熄焦技术与炼焦焦炭质量关系[J].冶金与材料,40(4):124-126.

陶文华,孙傲,柳强,等,2016.基于改进蚁群算法的焦炉推焦计划编排[J].控制工程,23(9):1325-1329.

王岩,赵奇,裴贤丰,2019.全流程系统优化理念下的备煤技术思考[J].燃料与化工,50(1):1-3.

温姗姗,2018.新型煤焦化数据分析平台建立的探讨与设想[J].山西化工,38(3):124-126.

吴敏,周国雄,雷琪,等,2010.多座不对称焦炉集气管压力模糊解耦控制[J].控制理论与应用,27(1):94-98.

REN Y,LAI X,HU J,et al.,2024. Intelligent control of pre-chamber pressure based on working condition identification for coke dry quenching process[J]. Journal of Advanced Computational Intelligence and Intelligent Informatics,28(3):644-654.

WU S,HOU P,ZOU H,2020. An improved constrained predictive functional control for industrial processes: A chamber pressure process study[J]. Measurement and Control,53(5-6):833-840.

YUAN Y,QU Q,CHEN L,2020. Modeling and optimization of coal blending and coking costs using coal petrography[J]. Information Sciences,522:49-68.

ZHANG J,2017. Design of a new PID controller using predictive functional control optimization for chamber pressure in a coke furnace[J]. ISA Transactions,67:208-214.

# 第四章 高炉炼铁过程典型自动控制系统及其应用

高炉炼铁是现代钢铁生产的核心工艺，其复杂的生产过程涉及多种物理和化学反应。为确保生产的高效性和稳定性，自动控制系统在高炉操作中起到了至关重要的作用。通过有效控制煤气利用率、炉顶压力、热风温度和布料矩阵等关键参数，不仅能够提升生产效率，还能减少能源消耗，优化环境效益。本章将重点探讨高炉炼铁过程中典型的控制系统及其在实际应用中的优势和挑战。

## 第一节 高炉炼铁生产工艺

高炉是钢铁冶金过程中的关键设备，其主体结构为圆筒型竖炉，图4-1为高炉炼铁工艺过程示意图，其过程主要包括以下部分：上料系统、热风系统、喷吹系统、出铁系统、高炉系统以及高炉煤气处理与除尘系统。

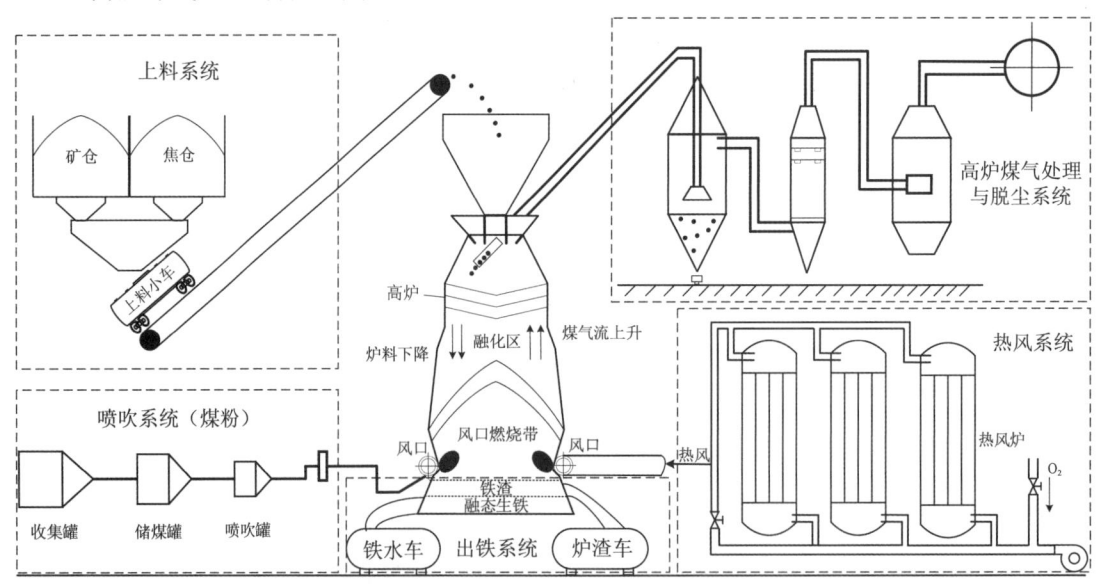

图4-1 高炉生产工艺流程

铁矿石及焦炭(统称炉料)在上料系统中经过筛分、配比、称重等处理后,通过皮带运输到高炉顶部。炉料在高炉顶部料罐称重后,通过料流调节阀和旋转布料溜槽,按照操作员的设定,将焦炭和矿石等物料分批定量布置到高炉上部炉料表面指定环状区域。这种布料方式能够确保炉料均匀分布,有助于优化高炉内气流的流动,进一步提高高炉煤气的利用效率,确保还原反应的均匀性和高效性。

在高炉底部,空气被鼓风机送入热风炉(图 4-2)加热至 1200～1300℃后,由围绕在高炉底部一圈的若干风口(图 4-3)鼓入高炉下部,鼓入的热风促使焦炭在高炉下部燃烧产生煤气,煤气在底部鼓风压力的作用下自下而上穿过料层。热风炉的温度控制至关重要,适宜的热风温度能够确保焦炭充分燃烧,产生足够的高温煤气推动冶炼反应进行。温度过高可能损害高炉耐火材料,温度过低则会降低还原反应效率,因此热风温度的精准控制直接影响高炉的冶炼效率和稳定性。根据高炉生产需要,有时会在鼓入的空气中加入工业氧气(富氧操作)或在风口区喷入煤粉,提高风口燃烧的温度,强化冶炼强度。

图 4-2　实际热风炉结构示意图

图 4-3　实际环形鼓风口示意图

冶炼还原过程是一个复杂的物理化学反应过程,关键在于上升煤气与下降矿石和焦炭之间的充分接触与反应。如图 4-4 所示,在高炉下部,焦炭燃烧产生的高温煤气向上流动,穿过逐渐下降的矿石和焦炭层。随着煤气向上移动,它与矿石中的铁氧化物发生氧化还原反应生成金属铁,同时释放出二氧化碳等气体。这些气体从高炉的上部排出,作为高炉煤气用于能源回收和后续利用。在此过程中,炉顶压力主要由底部鼓风压力和上升的煤气流量形成,炉料的阻力以及煤气生成量也会影响炉顶压力。稳定的炉顶压力对于高炉的稳定操作至关重要,它确保了气流在炉内的均匀分布,有助于提升煤气的利用效率并维持冶炼过程的顺利进行。控制排气系统可以有效调节炉顶压力,避免压力过高或过低引起的气流不均匀现象。与此同时,矿石中的铁逐渐熔化并汇集在高炉底部形成铁水,而矿石中的杂质与焦炭灰分等形成炉渣。由于铁水和炉渣的密度不同,铁水沉积在高炉出铁口底部,而铁渣则浮在其上层。通过定期从高炉底部出铁口排出铁水和出渣口排出铁渣,完成铁水和铁渣的分离。

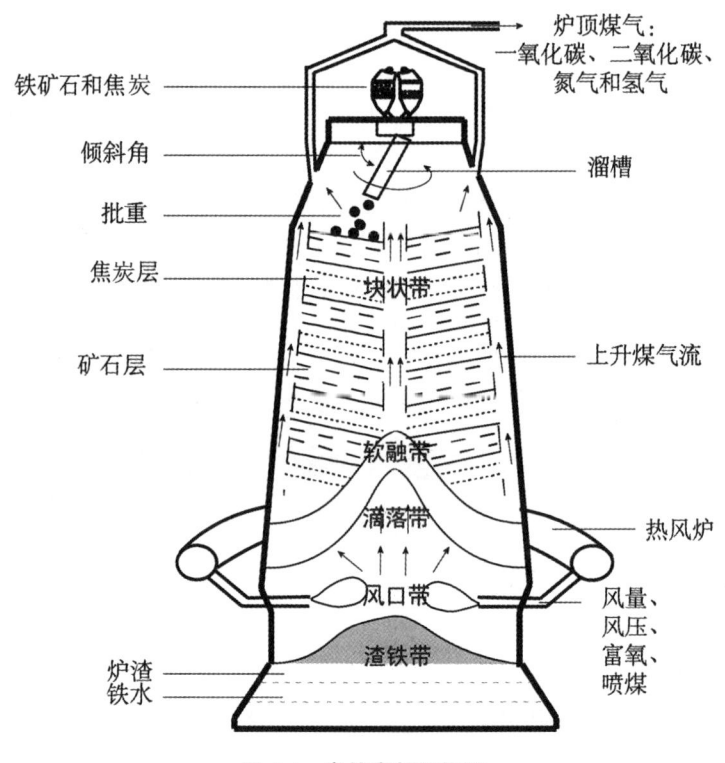

图 4-4 高炉内部结构图

高炉煤气处理与脱尘系统的主要任务是回收高炉煤气。风口前焦炭燃烧产生大量煤气,高炉煤气不断向上运动,与下降的炉料发生以氧化还原反应为主的一系列复杂物理化学反应,从而将铁从铁矿石中还原出来。上升的煤气最终从炉顶回收进入高炉煤气处理与净化系统,该系统通常包括重力除尘、旋风分离、布袋除尘和湿法洗涤等多级净化装置,以去除煤气中的颗粒物和杂质,降低煤气污染物浓度,使其达到工业再利用标准。经过净化的高炉煤气不仅可作为高炉内热循环的能源,还可用于厂区内余压发电、供热或作为其他生产工序的燃料,进一步提高能源利用率,降低生产成本,同时减少环境污染。这一高效的闭环煤气回收与利用体系在现代高炉生产中扮演着重要角色。

## 第二节 高炉煤气利用率预测方法

高炉内部物理化学反应过程复杂,涉及多种物质的多种状态,其过程是一个具有非线性、大时滞性、大噪声特性的高难度冶金生产过程。煤气利用率是衡量高炉能耗和稳顺运行的重要指标。高炉煤气利用率与高炉布料和送风操作密切相关,煤气流的分布关系到炉内温度分布、软熔带结构、炉况顺行和高炉长寿,最终影响到高炉冶炼指标,本节将针对高炉煤气利用率预测问题,介绍常用的煤气利用率预测方法。

### 一、高炉煤气利用率预测问题分析

在高炉冶炼过程中,高炉操作员根据高炉当前炉况和生产要求,通过调节上部布料和下部送风操作调整炉内冶炼条件,从而改变煤气流分布,调节煤气利用率,将高炉控制在期望的煤气流状态和热状态下。煤气利用率($\eta_{CO}$)是高炉煤气中二氧化碳含量与一氧化碳和二氧化碳总含量的比率,计算公式如下:

$$\eta_{CO} = \frac{V_{CO_2}}{V_{CO_2} + V_{CO}} \tag{4-1}$$

式中:$V_{CO}$为一氧化碳含量,%;$V_{CO_2}$为二氧化碳含量,%。

高炉煤气利用率受到多种操作参数的影响,这些参数相互作用,决定了煤气的生成量和利用效率。热风温度是影响煤气生成的重要因素,合适的热风温度不仅能确保焦炭充分燃烧,还能推动煤气向上流动,促进还原反应的进行。鼓风量调节则通过控制进入高炉的空气量,直接影响反应速度和煤气生成的效率,适当的鼓风量有助于保持气流的稳定性,避免局部气流不均。富氧操作可以提高燃烧温度和反应强度,有效提升煤气的生成量,但需控制氧气量,以防止过度燃烧影响高炉的热平衡。炉料的配比也至关重要,合理的焦炭与矿石比例能够优化气体的流动性,确保煤气在炉内均匀分布和充分利用;不当的配比则可能增加气体阻力,影响煤气的利用效率。此外,喷煤量的合理控制可以替代部分焦炭,降低焦炭消耗和生产成本,但喷煤量过多可能影响高炉的燃烧稳定性和反应效率。因此,在预测高炉煤气利用率时,需要通过系统化的数据分析和工艺优化,筛选出与煤气利用率高度关联的操作参数,确保在模型构建过程中准确捕捉关键影响因素,从而优化高炉操作,提高煤气的利用率,进而实现节能减排的目标。

### 二、高炉煤气利用率影响因素筛选

为了避免一些参数和冗余数据影响高炉煤气利用率分析结果的精确度,需要分析高炉操作参数之间的相互关系,选取能有效表征高炉系统输入的操作参数,对分析高炉煤气利用率的影响因素和更好地调控高炉运行状态具有重要作用。本节将介绍一种基于斯皮尔曼相关性分析的高炉操作参数选择方法。

斯皮尔曼相关性分析是一种无参数且与分布无关的检验方法，适用于分析无序分布的高炉生产过程操作参数之间的相关性强弱。对于两个高炉操作参数 $A = [a_1, a_2, \cdots, a_n]$ 和 $B = [b_1, b_2, \cdots, b_n]$，它们等级分别为 $\alpha = [\alpha_1, \alpha_2, \cdots, \alpha_n]$ 和 $\beta = [\beta_1, \beta_2, \cdots, \beta_n]$，则它们之间的斯皮尔曼相关系数 $\rho$ 为

$$\rho = \frac{\sum_{i=1}^{n}(\alpha_i - \bar{\alpha})(\beta_i - \bar{\beta})}{\sqrt{\sum_{i=1}^{n}(\alpha_i - \bar{\alpha})^2 \sum_{i=1}^{n}(\beta_i - \bar{\beta})^2}} \tag{4-2}$$

式中：$\bar{\alpha}$ 和 $\bar{\beta}$ 分别为 $\alpha$ 和 $\beta$ 的均值；$\alpha_i$ 和 $\beta_i$ 分别为 $\alpha$ 和 $\beta$ 中元素，$i = 1, 2, \cdots, n$。$\rho$ 值越大说明两个时间序列的相关性越大；反之，相关性越小。

在预测煤气利用率时，选取与煤气利用率斯皮尔曼相关性系数较大的高炉操作参数作为预测模型的输入，预测模型输出为煤气利用率。经过斯皮尔曼算法分析，基于某实际高炉数据得到与煤气利用率斯皮尔曼相关系数较大的高炉操作参数如表 4-1 所示。根据筛选结果，选择高炉布料操作中 4 个角位的矿焦比（O-$C_3$、O-$C_4$、O-$C_5$、O-$C_6$）和 2 个角位的中心焦比（O-$C_7$、O-$C_{11}$），送风操作中的风量（BV）、风压（BP）、富氧量（$O_2$）作为预测模型的输入变量。

表 4-1　斯皮尔曼相关性系数

| $\rho$ | BV | BP | $O_2$ | O-$C_3$ | O-$C_4$ | O-$C_5$ | O-$C_6$ | O-$C_7$ | O-$C_{11}$ |
|---|---|---|---|---|---|---|---|---|---|
| $\eta_{CO}$ | 0.45 | 0.52 | 0.47 | 0.32 | 0.36 | 0.33 | 0.42 | 0.69 | 0.71 |

考虑煤气利用率发展的混沌特性，在建立预测模型时，还需要考虑煤气利用率的部分历史信息。煤气利用率历史时刻的数据会影响当前煤气利用率的发展，本节影响当前煤气利用率的历史时刻数据的个数由偏自相关系数法得到。偏自相关系数能够表征历史时刻数据对当前时刻的影响，偏自相关系数计算如下：

$$\gamma_{\text{parr}}(u) = \frac{1}{L} \sum_{t=1}^{L} \{[x(t) - \bar{x}][x(t+u) - \bar{x}]\} \tag{4-3}$$

式中：$x(t)$ 为时间序列，在本节中为煤气利用率时间序列；$u$ 为时滞时间；$\bar{x}$ 为 $x(t)$ 的均值；$L$ 为序列总数。煤气利用率时间序列的偏自相关系数计算结果如图 4-5 所示。

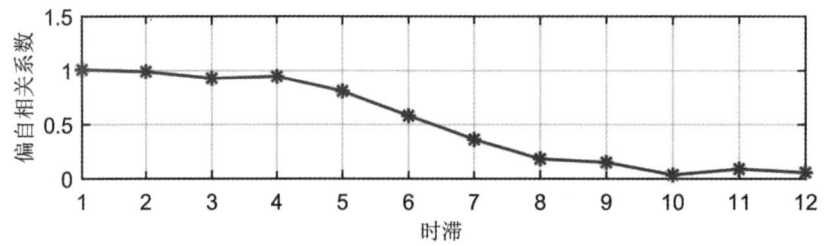

图 4-5　煤气利用率时间序列的偏自相关系数

根据煤气利用率时间序列的偏自相关系数分析结果，可以观察到在第 4 个历史时刻出现了明显的转折，自此之后偏自相关系数逐渐减小，说明前 4 个历史时刻的煤气利用率信息

都会对当前煤气利用率产生较大影响,因此选择前4个历史时刻煤气利用率数据作为重要历史信息输入预测模型。

本节选取的高炉操作参数均为影响煤气利用率的主要因素,因此模型的输入包含9个高炉操作参数和4个煤气利用率的历史数据,总共13个输入变量,模型的输出为高炉煤气利用率。

## 三、高炉煤气利用率预测模型

本节介绍一种支持向量回归(support vector regression,SVR)算法建立的预测模型。SVR算法的目的是找到一个回归函数 $f_{svr}$,使其能够精确拟合输入特征与煤气利用率之间的非线性关系,从而实现对煤气利用率的有效预测。

$$f_{svr}(\boldsymbol{x}) = \boldsymbol{w}^{\mathrm{T}}\varphi(\boldsymbol{x}) + b \tag{4-4}$$

式中:$\varphi(\boldsymbol{x})$ 为一个非线性映射函数,能够将 $\boldsymbol{x}$ 映射至一个特征空间;$w$ 为权重;$b$ 为一个阈值常数。以上问题转化为求解 $w$ 和 $b$ 的值,因此SVR问题可以转化为

$$\min_{\boldsymbol{w},b} \frac{1}{2}\|\boldsymbol{w}\|^2 + C_{svr}\sum_{t=1}^{L}\tilde{n}_{\delta}[f_{svr}\boldsymbol{x}(t) - y(t)] \tag{4-5}$$

式中:$C_{svr}$ 为正则化常数;$\tilde{n}_{\delta}$ 为 $\delta$-不敏感损失函数,表示如下:

$$\tilde{n}_{\delta}(z) = \begin{cases} 0, & \text{if } |z| \leqslant \delta \\ |z| - \delta, & \text{otherwise} \end{cases} \tag{4-6}$$

根据网格搜索方法和 $v$-折叠交叉验证方法计算出 $C_{svr}$ 和 $\delta$。基于 $C_{svr}$ 和 $\delta$ 计算得到平均误差为

$$e_{(C_{svr},\delta)} = \frac{1}{v}\sum_{\mu=1}^{v} e_{\mu} \tag{4-7}$$

当 $e_{(C_{svr},\delta)}$ 达到最小时,能够得到最优的 $C_{svr}$ 和 $\delta$。

引入松弛变量 $\xi$ 和 $\xi^*$,公式(4-5)可以转化为

$$\min_{\boldsymbol{w},b,\xi,\xi^*} \frac{1}{2}\|\boldsymbol{w}\|^2 + C_{svr}\sum_{t=1}^{L}[\xi(t) + \xi^*(t)]$$
$$\text{s. t.} \begin{cases} f_{svr}\boldsymbol{x}(t) - y(t) \leqslant \delta + \xi(t) \\ y(t) - f\boldsymbol{x}(t) \leqslant \delta + \xi^*(t) \\ \xi(t) \geqslant 0, \xi^*(t) \geqslant 0. \end{cases} \tag{4-8}$$

通过引入拉格朗日乘子 $\boldsymbol{\alpha}$ 和 $\boldsymbol{\alpha}^*$,由拉格朗日乘子法可得到SVR的对偶问题:

$$\begin{cases} \max_{\alpha,\alpha^*} \sum_{t=1}^{L} y(t)[\alpha(t) - \alpha^*(t)] - \sum_{t=1}^{L} \delta[\alpha(t) + \alpha^*(t)] \\ -\frac{1}{2}\sum_{t=1}^{L}\sum_{\hat{t}=1}^{L}[\alpha(t) - \alpha^*(t)][\alpha(\hat{t}) - \alpha^*(\hat{t})]K_{svr}[x(t), x(\hat{t})] \end{cases} \tag{4-9}$$

$$\text{s. t.} \begin{cases} \sum_{t=1}^{L}[\alpha(t) - \alpha^*(t)] = 0 \\ 0 \leqslant \alpha(t) \leqslant C_{svr} \\ 0 \leqslant \alpha^*(t) \leqslant C_{svr} \end{cases}$$

式中:核函数 $K_{svr}[x(t),x(\hat{t})] = \varphi[x(t)]^T\varphi[x(\hat{t})]$,$w = \sum_{t=1}^{L}[\alpha^*(t)-\alpha(t)]\varphi[x(t)]$。

基于以上计算方法,回归函数 $f_{svr}(x)$ 可以表示为

$$\begin{aligned}f_{svr}(x) &= \sum_{t=1}^{L}[\alpha^*(t)-\alpha(t)]\varphi(x)^T\varphi[x(\hat{t})]+b \\ &= \sum_{t=1}^{L}[\alpha^*(t)-\alpha(t)]K_{svr}[x(t),x(\hat{t})]+b\end{aligned} \quad (4-10)$$

根据KKT条件,

$$\begin{cases}\alpha(t)[f_{svr}x(t)-y(t)-\dot{o}-\xi(t)]=0 \\ \alpha^*(t)[y(t)-f_{svr}x(t)-\dot{o}-\xi^*(t)]=0 \\ \alpha(t)\alpha^*(t)=0 \\ \xi(t)\xi^*(t)=0 \\ [C_{svr}-\alpha(t)]\xi(t)=0 \\ [C_{svr}-\alpha^*(t)]\xi^*(t)=0\end{cases} \quad (4-11)$$

基于KKT条件,$b$ 的计算方法如下:

$$b = y(t)+\dot{o}-\sum_{t=1}^{L}[\alpha^*(t)-\alpha(t)]x(t)^T x \quad (4-12)$$

采用该方法对某钢铁厂高炉连续 5 个月的实际生产数据进行验证,所用采样间隔为 5min。模型的输入输出变量利用此节"高炉煤气利用率影响因素筛选"提出的方法确定。支持向量机回归预测模型的超参数为:惩罚因子 $C=15$、核函数系数 $g=0.0088$,预测结果如图 4-6 所示。

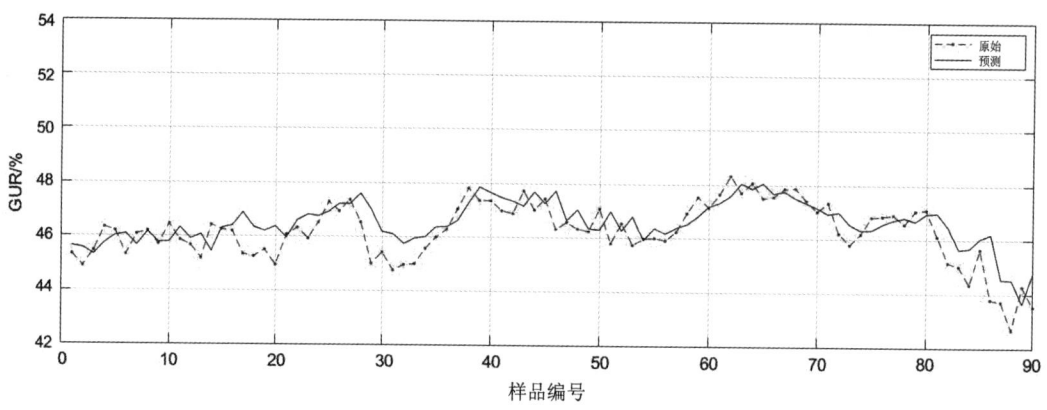

图 4-6 高炉煤气利用率预测曲线图

从图 4-6 的预测结果来看,虚线表示高炉煤气利用率原始信号,实线表示高炉煤气利用率预测曲线,从整体趋势来看,模型预测曲线与原始信号之间高度吻合,能够较为准确地反映高炉煤气利用率的变化规律。这表明所构建的模型在捕捉煤气利用率的动态特性方面具有较高的可靠性和预测能力。

为了进一步详细分析以上预测模型的效果,采用以下指标来进行衡量。

(1) 绝对误差:

$$AE(t) = G'(t) - \hat{G}(t) \tag{4-13}$$

(2) 标准差:

$$\overline{AE} = \frac{1}{L}\sum_{t=1}^{L} AE(t) \tag{4-14}$$

$$SD = \sqrt{\frac{\sum_{t=1}^{L}[AE(t) - \overline{AE}]^2}{L}} \tag{4-15}$$

(3) 均方根误差:

$$\mathrm{RMSE} = \sqrt{\frac{\sum_{t=1}^{L}[G'(t) - \hat{G}(t)]^2}{L}} \tag{4-16}$$

根据以上3个指标,高炉煤气利用率预测模型的预测绝对误差计算结果如图4-7所示。预测绝对误差均在零附近波动、数值较小,说明该预测模型的精度较高。高炉煤气利用率预测模型的标准差和均方根误差分别为0.030和0.031,进一步验证了模型在稳定性和鲁棒性方面的良好表现。此外,误差分布较为集中,未出现明显的偏差或异常波动,表明模型具有良好的泛化能力。

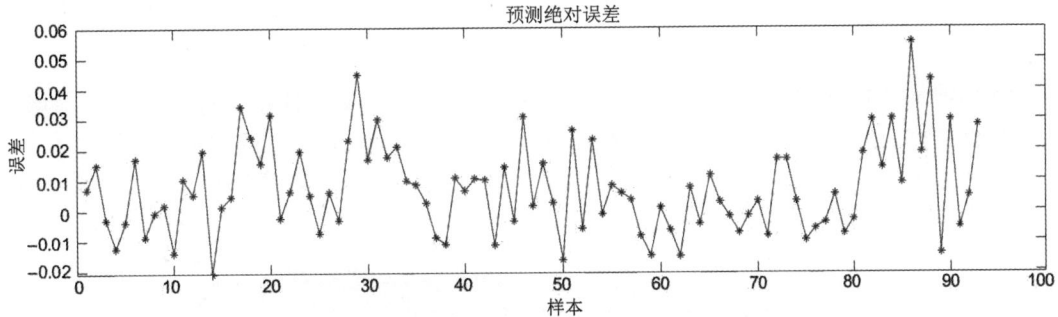

图4-7 高炉煤气利用率预测模型预测结果的绝对误差

从预测结果来看,该模型能够在误差允许范围内准确预测煤气利用率,为高炉操作优化提供科学依据。这一优势对于实际生产具有重要意义,不仅能辅助操作人员快速评估和调整生产参数,还能在节能降耗、提升煤气利用效率以及减少碳排放等方面发挥积极作用。因此,该模型的预测性能为实现高效、智能化的高炉生产奠定了良好的基础,并为进一步优化高炉煤气的综合利用提供了强有力的技术支持。

本节所采用的支持向量机在高炉煤气利用率预测中表现出了较高的准确性和可靠性,为高炉工业生产提供了重要参考。然而,预测方法仍存在进一步优化的空间。未来研究中可以引入更加先进的技术手段,如深度学习等数据驱动模型,通过自动提取数据特征和非线性模式进一步提升预测的精度和鲁棒性。一方面,不同类型的深度学习模型(如卷积神经网络、长短期记忆网络等)可用于捕捉高炉复杂动态工况中的时空特性,为高炉煤气利用率的智能化预测提供更多可能性;另一方面,实际高炉操作通常可以分为布料操作和送风操作,两者对煤气利用率的影响存在显著差异,并具有不同的时间尺度。布料操作更多影响高炉内的料流分布和气流通畅性,其效果通常需要较长时间才能显现;而送风操作则直接影响燃烧效率和煤气生成量,具有更短的响应时间。因此,未来的研究可以针对布料和送风操作分别构建具有不同时间尺度的预测模型,分析和优化不同尺度的决策方式,从而更全面地揭示其对煤气利用率的影响机制。综上所述,通过将先进的预测技术与多尺度分析相结合,不仅可以进一步提高高炉煤气利用率预测的精度,还能为高炉生产的智能优化和操作策略的制定提供更加精准和科学的依据。

## 第三节 高炉热风炉温度控制系统

热风炉承担着将煤气燃烧所产生的热量通过空气传递到高炉的关键任务,它是高炉冶炼的重要生产设备。国内的中小型高炉一般由 3~4 个热风炉构成,每个热风炉的工作过程分为 3 个阶段,即燃烧、换炉和送风。4 座热风炉按顺序交替地在送风状态工作,以达到向高炉提供连续和稳定的热风供应的目的。对于系统中的每个热风炉来说,其工作过程是断续的,多个热风炉配合工作形成在整体上连续的送风过程。

### 一、热风炉工艺

热风炉是高炉冶炼过程中重要的热交换装置,它的作用是把鼓风加热到要求的温度。热风炉燃烧控制系统的研究目的是实现热风炉燃烧过程控制的自动化,核心是实时优化设定空燃比和煤气流量,保证热风炉燃烧过程的节能、高效、稳定,延长热风炉的使用寿命。热风炉实物如图 4-8 所示。

图 4-8 热风炉实物图

高炉热风炉系统通常分为 3 种工作状态:燃烧状态、送风状态以及闷炉状态。
(1)燃烧状态:向热风炉燃烧室通入空气和煤气进行燃烧,产生热烟气让蓄热室中耐火砖不断蓄热至高温。

（2）送风状态：将冷风送至蓄热室通过热风炉加热至高温后再送进高炉，为炼铁过程提供所需的高温空气。

（3）闷炉状态：此状态关闭了系统所有阀门以保持温度。

换炉操作是指热风炉在燃烧状态、送风状态及闷炉状态间转换的过程，期间不能影响热风炉系统向高炉持续送风，且在保障煤气安全的前提下应尽可能使进入高炉的风量、风压波动很小。

热风炉工艺流程如图 4-9 所示。

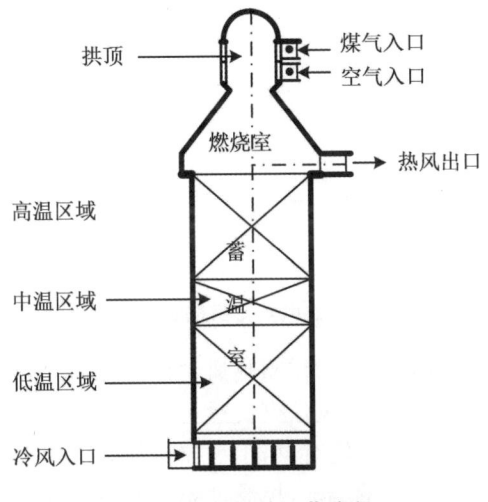

图 4-9 热风炉工艺流程

## 二、热风炉温度控制系统设计

热风炉是高炉冶铁工艺中的重要组成部分，它向高炉的送风温度对高炉冶铁质量有重要影响，因此其温度控制显得非常重要。准确稳定的送风温度不仅能提高高炉的燃烧效率和还原效果，还能减少能耗和原材料浪费，对提升高炉整体生产效率和降低运行成本具有关键作用。

在热风炉燃烧自动控制系统中，不仅要求高炉热风炉的温度达到生产工艺要求，而且要求考虑保护环境的问题。基于以上两个方面的问题，必须保证煤气充分燃烧。煤气燃烧不充分会冒黑烟，对环境造成污染，不能达到节能减排的效果；煤气量不足将导致拱顶温度达不到生产要求，燃烧效率低，浪费燃烧的原材料，导致制造成本高，达不到节约目的。因此，在热风炉自动燃烧控制系统中需要有合适的空燃比，这可以通过固定煤气量调节空气量得到合适的空燃比，也可以通过固定空气量调节煤气量得到合适的空燃比，让煤气和空气充分燃烧时送给热风炉。将煤气流量设定为主动调节量 $Q_1$，煤气流量控制回路为主动量控制回路，主动量控制回路是定值控制；将空气流量设定为从动调节量 $Q_2$，空气流量控制回路是从动量控制回路，比例系数 $K=Q_1/Q_2$，使得空气流量按照比例系数 $K$ 跟随着煤气流量而改变。

从图 4-10 可以看出,双闭环比例控制系统是在煤气流量和空气流量单回路控制系统之间引入一个比例系数 $K$,从而实现煤气流量的定值控制。系统具有较强的抗干扰能力,能够提供稳定的从动流量,确保空燃比的合理性。系统中煤气为主动流量,空气为从动流量,只需将主动流量除以比例系数就可确定从动流量,实现充分燃烧。合理的空燃比是热风炉实现最优燃烧的关键。若空燃比过大 $Q_2 = Q_1/K$,说明空气不足,将导致部分煤气无法完全燃烧,不仅造成能源浪费,还可能因还原性气体过多对耐火材料产生不利影响;若空燃比过小,则空气过剩,不仅会降低燃烧温度,还会因废气量增多带走大量热量,导致热损失增加。因此,只有在空燃比合适的情况下,才能实现热风炉的高效燃烧,提高热效率和燃烧温度。

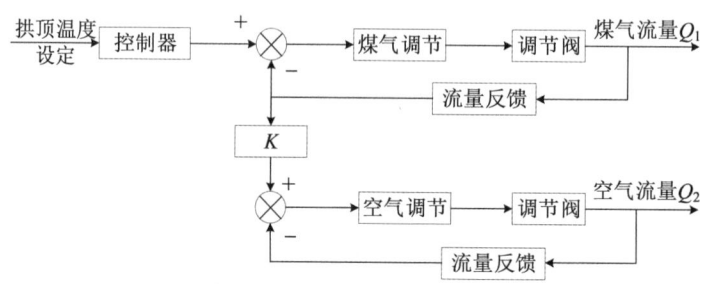

图 4-10 热风炉比值控制系统框图

但是上述控制方案不能有效跟踪和控制热风炉温度,因此设计热风炉温度串级控制系统,其结构框图如图 4-11 所示。在热风炉煤气量与空气量的比值控制的基础上,以热风炉温度为主被控对象,煤气流量为副被控对象,主被控参数的信号送往主控制器控制煤气切断阀的开度,其输出值作为助燃风流量给定,控制助燃风支管流量调节阀门的开度,实现煤气量和空气量的比值控制。由此可见,串级控制与比值控制的结合可以同时满足温度的控制与物流流量间比值的控制。

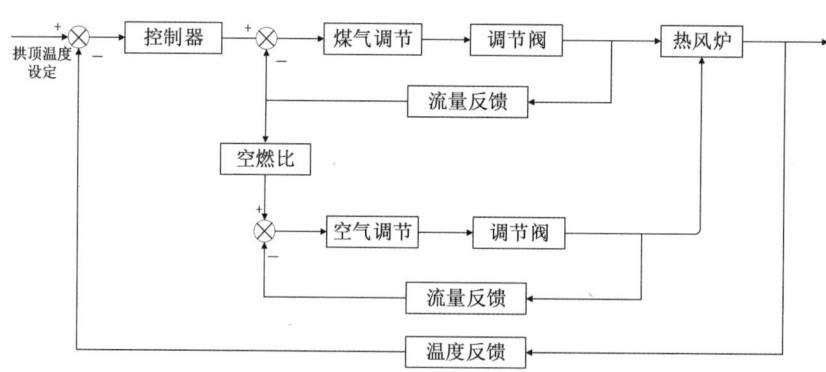

图 4-11 热风炉温度串级控制系统结构框图

在应用中常需要两种或两种以上的物料保持一定的比例关系,比例一旦失调,将影响生产或造成事故。在煤气燃烧过程中,要求煤气与助燃空气按一定配比供入燃烧室。若助燃空气不足,煤气得不到充分燃烧,会降低燃烧效率,造成能源浪费、环境污染,还有可能导致环境中大量煤气积存而成为事故隐患;若助燃空气过量,过剩空气又将大量热量以废气形式排放,造成热能的大量浪费。

尽管比值控制和串级控制在热风炉温度调节中得到了广泛应用,具备结构简单、响应迅速等优点,但在实际运行中仍存在一些难以克服的问题。如比值控制依赖于固定的经验参数,当系统工况发生较大波动(如燃料波动、风量变化)时,控制效果易受影响;而串级控制虽然能够一定程度上提高系统的抗干扰能力,但其依赖于精确的模型和传感器响应,难以应对热风炉非线性强、迟滞大、动态变化复杂的特点。为了解决上述控制方式在非线性和不确定工况下响应迟缓或调节不稳定的问题,引入模糊控制作为补充,凭借其无需精确模型、能融入操作经验的优势,在提高系统适应性和控制精度方面展现出良好效果。

## 三、热风炉燃烧模糊控制系统设计

热风炉在实际运行中存在复杂的热力学特性、多变量耦合以及环境扰动等因素影响,使得建立精确的数学模型极具挑战性,且影响高炉热风炉燃烧的因素非常多,各种因素相互牵制使得热风炉燃烧过程非常复杂。传统建模方法因应变性与灵活性的缺乏难以胜任对复杂系统的控制,而迅速发展起来的智能控制的典型代表模糊控制因不需要对象精确、定量的数学模型,成为当前实现热风炉燃烧智能控制的主要方法。本节介绍以模糊控制器为核心的高炉热风炉燃烧智能控制系统的设计。

1. 模糊控制器的设计

模糊控制系统是一种典型的计算机控制系统,其系统原理如图 4-12 所示,主要包括设定值 $SP$、输入量化、模糊化、模糊推理、反模糊化、输出量化、控制对象和反馈过程等部分。其中模糊控制器作为系统的核心部件,负责根据输入信息和模糊规则生成控制指令,实现对受控对象的有效调节。

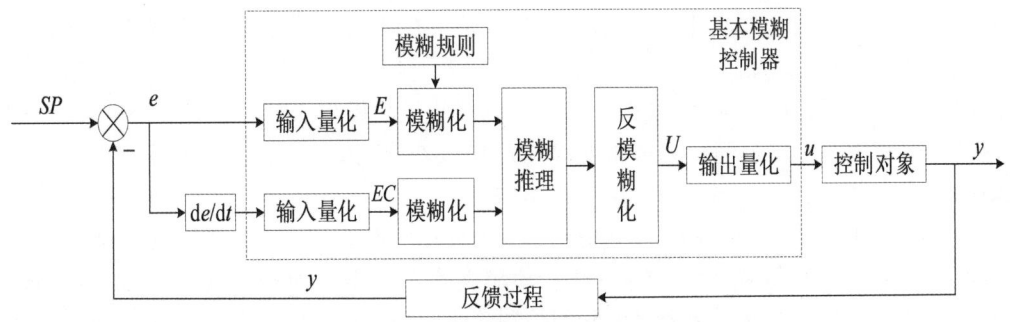

**图 4-12　模糊控制系统原理图**

图 4-12 中用 $SP$ 表示设定值,用 $y$ 表示过程输出,用 $U$ 和 $u$ 分别表示基本模糊控制器输出语言化变量和经输出量化后的实际输出值,用 $e$ 表示控制偏差,用 $E$ 表示 $e$ 经输入量化后的语言化变量,用 $de/dt$ 表示偏差变化率,用 $EC$ 表示 $de/dt$ 经输入量化后的语言化变量。一般通过软件编程来实现模糊控制。通过计算机中断采样取得被控制量的精确值,与给定值比较得到误差信号及其变化量,然后进行模糊量化转换得到模糊量并表示为对应的模糊语言。模糊控制量 $U$ 由根据推理的合成规则对模糊控制规则 $R$(模糊关系)、$e$、$de/dt$ 模糊决策获得。为对控制对象进行更加精确地控制,$U$ 经清晰化处理得到精确数字控制量,然后

经过数模转换成为执行机构可执行的模拟量去控制被控对象。下一个采样周期再一次进行中断采样,又一次执行上述操作,如此不断循环实现对控制对象的模糊控制。

在热风炉的燃烧过程中,风温调节阀用于调节进入高炉的风温,在热风炉燃烧期间应尽量避免开启风温调节阀,避免冷风稀释热风,影响升温速度。温度控制策略如下:在热风炉的燃烧升温阶段,为保证风温迅速提升,应保持风温调节阀关闭,避免冷风干扰加热过程。在送风阶段,当混风后的出风温度低于下限设定值(1150℃)时,风温调节阀应全关;当出风温度高于上限设定值(1270℃)时,风温调节阀应全开以快速降温;当出风温度处于上下限之间(即1210±60℃范围内)时,风温调节阀开度可通过模糊控制方法调节,即当温度偏高且呈上升趋势时,适当增大阀门开度,反之,当温度偏低且呈下降趋势时,减小阀门开度,以实现更平稳的温度调节。

热风炉模糊控制控制器的参数确定过程如下。

(1)输入/输出变量的确定。综上可知,拱顶温度 $T$ 模糊控制的核心思想是根据 $T$ 与该点设定值 $T_N$ 的偏差 $E_T$ 以及 $E_T$ 变化趋势 $\Delta E_T$ 来模糊推断风温调节阀阀门开度 $U$。因此将 $E_T$ 和 $\Delta E_T$ 确定为模糊控制器的输入量,其中 $E_T = T_N - T$,$\Delta E_T = E_T(K) - E_T(K-1)$,$K$ 为采样次数;风温调节阀开度 $U$ 则确定为模糊控制器的输出量。模糊控制输入/输出结构如图4-13所示。

图4-13 模糊控制输入/输出结构图

(2)基本论域、量化论域、模糊子集的确定。$E_T$ 的基本论域为:[−60,60](℃);$E_T$ 的量化论域为:$x = \{-4,-3,-2,-1,0,1,2,3,4\}$;$E_T$ 的量化因子为 $K_{E_T} = 1/15$;$E_T$ 的模糊子集为:正大(PB)、正小(PS)、零(O)、负小(NS)、负大(NB);$\Delta E_T$ 的基本论域为:[−15,15](℃);$\Delta E_T$ 的量化论域为:$y = \{-3,-2,-1,0,1,2,3\}$等。

(3)模糊规则表、模糊关系、模糊控制表。总结热风炉操作人员经验,推演实际生产过程中各种可能发生的操作过程。根据温度误差及其趋势归纳出可用条件语句描述的模糊控制规则来消除误差。

将对所有可能的输入偏差 $e_T$ 和其变化 $\Delta e_T$ 模糊化后得 $E_T$ 和 $\Delta E_T$,输出控制量 $U$ 通过模糊推理合成规则计算后用最大隶属度法进行模糊决策,离线计算所有可能的输入并编制成表。根据现场调试经验,本模糊控制器把实际的控制策略归纳为控制规则表,如表4-2所示。

表4-2 模糊控制规则表

| EC/U/E | NB | NM | NS | ZO | PS | PM | PB |
| --- | --- | --- | --- | --- | --- | --- | --- |
| NB | PB | PB | PM | PS | PS | ZO | NS |
| NS | PB | PM | PM | PS | ZO | NS | NM |
| ZO | PB | PM | PS | ZO | NS | NM | NB |
| PS | PM | PS | ZO | NS | NM | NM | NB |
| PB | PS | ZO | NS | NS | NM | NB | NB |

（4）反模糊化是将模糊控制器输出的模糊量（如控制增量的量化等级）转换为具体的精确控制量的过程。具体而言，控制增量的精确值可以通过查表方式将模糊输出的量化等级对应到具体数值，也可以采用如下公式计算：

$$\Delta U(k) = Ku\Delta U \tag{4-17}$$

式中：$\Delta U(k)$ 为控制增量的精确值；$\Delta U$ 为控制增量的量化等级数；$Ku$ 为比例因子。该方法能够将模糊推理结果有效转化为控制系统所需的连续控制信号，确保系统调节的连续性和可实现性。本周期的实际控制输出可经过公式 $u(k+1) = u(k) + \Delta U(k)$ 计算得到。风温调节阀开度由执行器利用实际控制输出查找相应风温调节阀角度变化量来调节，从而将温度偏差控制在预定范围。

2. 高炉热风炉拱顶温度模糊控制器设计

热风炉自动燃烧系统的主要目标是克服各类扰动，实现燃烧过程的均衡与稳定，从而提升热风炉的蓄热能力，为高炉提供高风温保障。具体来说就是实现燃烧过程合理并节约能源，燃烧初期拱顶温度快速上升，蓄热期拱顶温度保持稳定，均衡控制废气温度，兼顾燃烧过程的平稳、节能、环保等因素，同时实现整个燃烧过程的安全生产，防止事故发生。

高炉热风炉自动燃烧控制原理如图 4-14 所示。系统初始阶段设定煤气流量为固定值，并按预设的空燃比进行比值控制。在燃烧过程中，系统根据煤气流量的实时变化动态调整空气流量的设定值，同时依据空气流量的实际值与设定值之间的偏差实时调节空气调节阀的开度，以抑制流量波动，确保空气与煤气配比的稳定性。

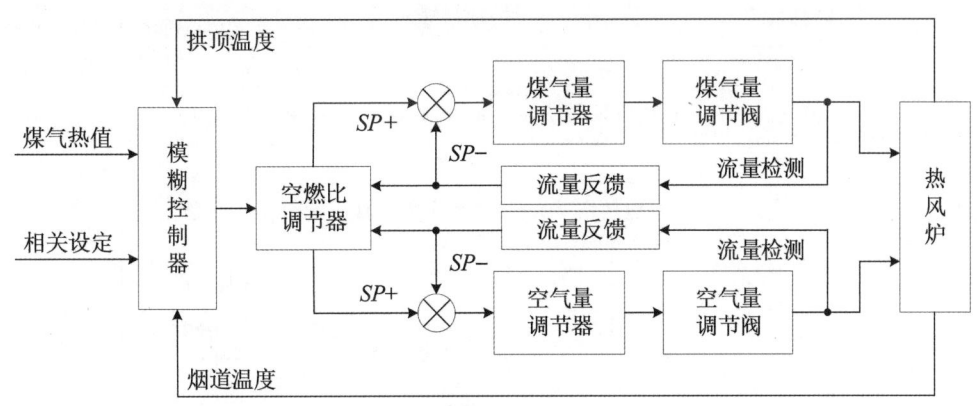

图 4-14 高炉热风炉自动燃烧控制原理图

该控制策略具有如下优点：一是空气流量设定值可随煤气流量的变化自动修正，实现了空燃比的恒定控制；二是由传统的阀位控制转变为基于流量的闭环控制，提高了调节的精度和响应速度。此外，自动燃烧系统在每次燃烧过程中会记录并更新当前最优空燃比，并在下一次燃烧启动时自动调用该比值，实现一定程度的自学习功能。

## 第四节　炉顶压力控制与余压发电系统

高炉炉顶压力的有效控制与调节是实现高炉强化冶炼、提高产能与效益的关键措施。高炉炉顶压力控制是在高炉煤气除尘设备之后,采用多个不同大小的蝶形调节阀组成减压阀组,或将减压阀组与高炉煤气余压透平发电机组(blast furnace top gas recovery turbine unit,TRT)的调速阀组成并联网路,进行炉顶压力的调节和控制。高炉炉顶煤气余压透平发电装置是目前国际、国内钢铁企业公认的有价值的二次能源回收装置。它通过将高炉炉顶煤气导入透平膨胀机做功,使高炉炉顶煤气的压力能及热能转化为机械能再驱动发电机发电,采用装置代替减压阀组,不改变原高炉煤气的品质,也不影响煤气用户的正常使用,却回收了过去在减压阀组上白白损失的能量,降低了炼铁工序能耗及成本,经济效益十分显著,同时又可以清除原减压阀组带来的噪音危害,是典型的节能环保技术。

### 一、高炉顶压工艺分析

高炉冶炼产生的带有细小炉料微粒的高炉煤气通过重力除尘器一次除尘后再经过干法或湿法除尘装置清理就能获得煤气含尘量标态下的净煤气,净煤气送到减压阀组和 TRT 系统,最后合并至高炉煤气管网,其工艺流程如图 4-15 所示。

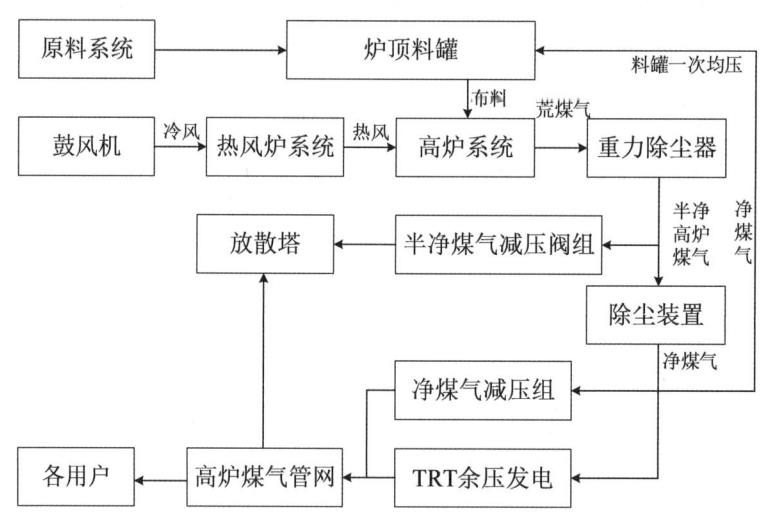

图 4-15　高炉工艺流程简易框图

高炉煤气除尘方法包括干法除尘和湿法除尘。干法除尘是指在高炉煤气处理过程中不使用水而采用物理手段进行除尘,包括重力除尘器、袋式除尘器以及旋风分离器等方法。重力除尘器是利用重力原理,含尘煤气在通过除尘器时由于流速减慢,大颗粒的粉尘会在重力作用下自然沉降至除尘器底部,从而实现初步的除尘效果。袋式除尘器是通过滤袋将粉尘颗粒截留,使清洁的煤气通过滤袋后排出,滤袋表面积累的粉尘会定期通过脉冲反吹气体清除。旋风分离器利用离心力原理,含尘煤气通过旋风分离器的入口切向进入分离器内部,在旋转运动过程中,由于离心力的作用,密度较大的粉尘颗粒被甩向外壁并沿壁面下落,进入收集器。湿法除尘通过喷水或水洗方式对煤气进行降温和除尘。常见的湿法除尘设备有文丘里洗涤器、喷淋塔和泡沫洗涤器等。文丘里洗涤器的工作原理是使含尘煤气通过文丘里管,在管颈部位气体流动速度增加,形成低压区,喷淋水被强烈雾化,与粉尘充分接触,粉尘颗粒被水滴捕捉并形成泥浆,然后排出系统。喷淋塔的原理是将含尘煤气从塔底鼓入,水从塔顶喷淋而下,形成逆流接触,煤气中的粉尘颗粒与水滴碰撞、黏附,被水流带走,形成泥浆。泡沫洗涤器通过喷洒发泡剂溶液形成大量泡沫,含尘煤气穿过泡沫层,粉尘颗粒被泡沫捕捉并吸附,随后泡沫破裂,粉尘进入水中形成泥浆。环缝装置(annular gap device)是湿法除尘结构中的一种特殊设计,它主要用于提高除尘效率,特别是在一些常见的文丘里洗涤器或重力喷淋除尘器中有所应用。

高炉余压发电工程流程图如图 4-16 所示,当无故障运行时,快开阀和旁通阀都处于关闭的位置,操作员根据生产要求设定高炉炉顶压力。若采用干法除尘,经过除尘装置前后的压力 $p_0$ 和 $p_1$ 变化不大,高炉炉顶压力可近似由 TRT 静叶单独控制;若采用湿法除尘,经过除尘装置前后的压力 $p_0$ 和 $p_1$ 变化较大,存在耦合情况,则高炉炉顶压力由环缝装置和 TRT 静叶联合控制。当 TRT 故障停机时,快开阀和旁通阀打开,由环缝单独控制顶压。一般湿法除尘情况下有 3 个环缝同步进行调节顶压,还可以依据需求或设备状态锁定一个或者两个环缝。非线性是环缝流量的特性,首先要对环缝流量进行线性化处理。通过合适的 TRT 前压可以保证洗涤塔两端具有一定的差压,从而使洗涤塔对高炉煤气有较好的洗涤效果。TRT 前压通过可调静叶调节,当静叶开度减小时,TRT 前压会随着升高,反之则降低。TRT 前压调节采用的是静叶慢关快开,以避免顶压下降时前压对顶压的影响,尽可能减小顶压的波动,从而达到优化高炉顶压、稳定高炉生产、提高发电量的效果。

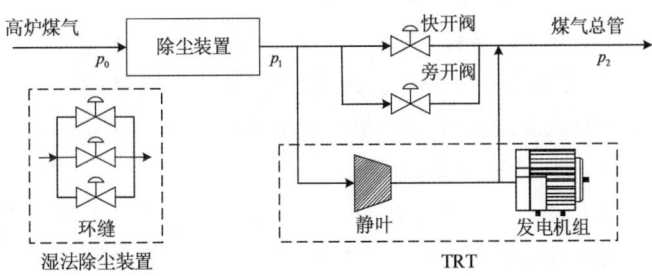

图 4-16 高炉余压发电工程流程图

高炉生产过程中要求炉顶压力必须稳定,炉顶压力波动会影响高炉炉况。高炉热风压力会随着高炉顶压波动而波动,继而对料速、气流分布、炉况稳顺造成较大的影响,特别是在炉况较差时,过大的炉顶压力波动甚至可能造成崩料、滑料,导致炉况失常。在大型高炉连续生产过程中,提高高炉炉顶压力的稳定性对高炉生产过程起到十分重要的作用。高炉炉顶压力的精确稳定调节是自动控制技术领域中的关键控制技术之一。

## 二、高炉顶压影响因素分析

在高炉生产过程中,炉顶布料和料罐均压是造成高炉顶压波动的主要影响因素。一方面,在正常冶炼时,随着炉内炉料不断消耗,料面会逐渐下降,此时需通过炉顶布料及时补充炉料,以维持合理的料面高度,确保高炉顺行和高产,然而在布料过程中,炉料覆盖了料面上的出气通道,透气性下降,导致煤气流阻力增加,从而使到达炉顶的煤气流量减少,导致炉顶压力迅速下降,这是顶压波动的常见原因之一。另一方面,料罐在布料之前需进行均压,一次均压时通常引入干法除尘后的净煤气,由于净煤气压力与料罐压力存在差异,均压过程会使煤气总流量突然增加,而高炉实际产生的煤气量几乎没有变化,因而造成顶压快速降低,这种情况同样是频繁引起顶压波动的因素。

此外,高炉顶压的稳定性还受到其他多种复杂因素的影响。炉内高温环境下发生的多相物理化学反应会引起流量、压力和介质阻力的随机变化;加料不均匀可能导致气体流动阻尼的波动,而系统泄漏和除尘器积灰也会影响气流的稳定性;鼓风机的流量和压力变化以及TRT装置在启动、停机等不同运行工况下的波动,都会直接影响煤气流量和顶压的变化。此外,料罐系统结构(包括串罐和并罐形式)、上下密封阀、布料溜槽等设备的工作状态,也会对高炉顶压的变化产生重要影响。

以国内某大型高炉为例,该高炉采用溜槽环形布料方式和中心加焦布料制度。在布料过程中,焦炭或矿石可能覆盖煤气通道,减少煤气流量,导致炉顶压力波动,特别是在中心煤气流和边缘煤气流波动较大时更为明显。当往高炉中心位置布焦炭时,焦炭对中心煤气流产生较大扰动,造成炉顶压力的显著下降。尽管该高炉采用了PID控制策略,但由于高炉内部扰动的非线性和随机性,常规PID控制难以应对复杂的顶压波动问题,导致顶压控制难度较大,进一步优化控制策略显得尤为重要。

通过分析目前的控制方式发现,顶压难以稳定控制的原因有以下几方面。

(1) 用于控制高炉顶压的透平静叶开度等调节参数均取自高炉集散控制系统,尤其是顶压实际值取自高炉炉顶。而实际管道煤气经过炉顶、重力除尘、比肖夫塔(湿法除尘装置)、旋风脱水器后才到达TRT,这期间管道长度是100~200m,且中间隔着比肖夫塔内的比肖夫环,因此管道内压力传递不仅在时间上严重滞后,而且难以确立可靠的数学模型。仅仅依靠PID参数的优化难以达到顶压调节控制既灵敏又稳定的效果。

(2) 在湿法除尘调节过程中,环缝和TRT静叶都以炉顶压力为调节对象,两个PID回路同时投入,但相互间没有协调,导致相互耦合干扰,影响了控制效果。

(3) 高炉管网容量造成的滞后和惯性效应使顶压调节在工艺上具有特殊性,采用常规的调节器控制无法适应,达不到最理想的控制效果。

(4) 在运行过程中,TRT静叶自动调节效果不理想,不能充分利用煤气流量和压力发电,降低了发电功率。此外,由于环缝后的压力始终在变化,当压差值比较大时,环缝造成了不必要的压力损失,同时也降低了发电效率。

## 三、高炉顶压控制系统设计

在高炉炉顶顶压控制系统的各个参数中,炉顶压力是十分关键的影响因素。高炉系统要求高炉炉顶的压力必须非常稳定,如果高炉炉顶的压力不稳定,就会影响炉况顺行,使炉况失常,甚至造成崩料、悬料等不良情况。均压过程、布料过程、热风炉换炉、鼓风机风量、顶压控制系统状态、高炉生产工况等都对高炉炉顶压力有很大的影响,因此稳定控制高炉炉顶压力具有一定的难度。干法除尘和湿法除尘在结构上存在差异,导致它们在高炉煤气进入除尘装置前后的压力不同,因此在设计高炉顶压控制系统时,应根据不同的除尘方式对控制策略进行相应调整。

**1. 干法除尘装置下的高炉顶压控制系统设计**

1)PID 控制系统

忽略系统中的阀门对高炉顶压的影响,将高炉简化为反应容器、压力容器串联的模型,管路简化为压力容器与上游阻尼和下游阻尼的串联模型,透平机简化为一个线性调节阀,系统简化之后最终得到的高炉炉顶压力控制系统正常工况下的简化模型如图 4-17 所示。其中 G 为高炉炉顶煤气的质量流量,P 为高炉炉顶煤气的压力值。

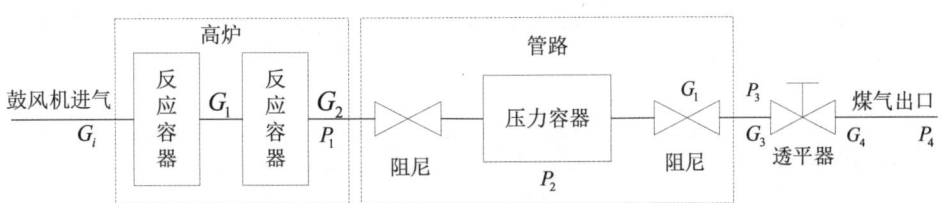

图 4-17 高炉炉顶压力控制系统正常工况下简化模型

TRT 对高炉顶压的调节以高炉与 TRT 之间的高炉顶压设定值 $r(t)$ 为目标值,采用 PID 调节控制 TRT 静叶开度,达到控制高炉炉顶压力稳定的目的。TRT 运行时,静叶处于自动状态,高炉旁通阀组同样保持自动状态,旁通阀组各阀门全部关闭。正常运行时,机组旁通阀全部关闭,在自动位置调节目标值 $r(t)$ 至手动位置,一旦静叶调节出现问题,顶压波动超出正常范围,在自动位置的旁通快开阀会自动参与顶压调节。系统选择顶压自动控制后,根据高炉测得的顶压值 $e(t)$ 和高炉工长设定的目标顶压值 $r(t)$ 两个参数,通过程序内部 PID 调节器自动计算并调整静叶开度,以改变煤气通流量,稳定炉顶压力在设定范围内,其控制系统如图 4-18 所示。

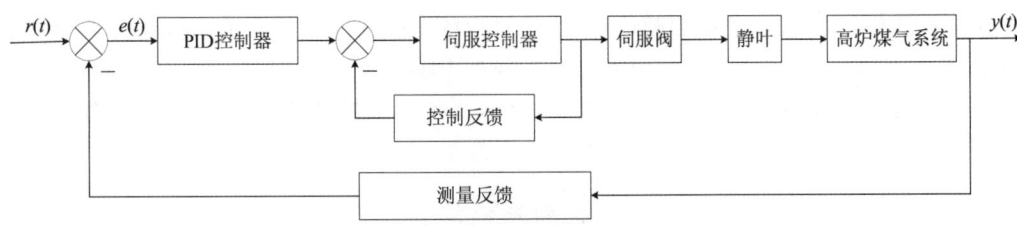

图 4-18 高炉顶压 PID 控制系统

可见高炉顶压的测量值 $e(t)$ 和高炉顶压的设定值 $r(t)$ 在顶压控制中起着至关重要的作用,任何一个参数出现问题都会影响到 TRT 静叶的调节作用,在出现问题时会危及到高炉的安全运行。

2)前馈补偿控制

前馈控制系统作为开环控制系统,区别于传统的闭环控制,它不依赖于检测被控对象的状态。该系统通过实时监测主要干扰源的变化,提前预测其对系统的影响并主动调节执行器,从而在偏差尚未产生之前进行补偿,实现对被控对象的主动稳定控制。在干扰源发生变化时,前馈控制系统能够及时调节执行器,消除尚未显现的偏差,从而防止被控对象出现偏差,达到主动稳定控制的目的。特别是在干扰源引起的变化尚未对被控对象产生明显影响时,前馈控制能够补偿闭环控制中由于大滞后带来的调节滞后,显著提高系统的响应速度和稳定性。高炉顶压前馈补偿控制如图 4-19 所示,展示了这一方法的实现过程。

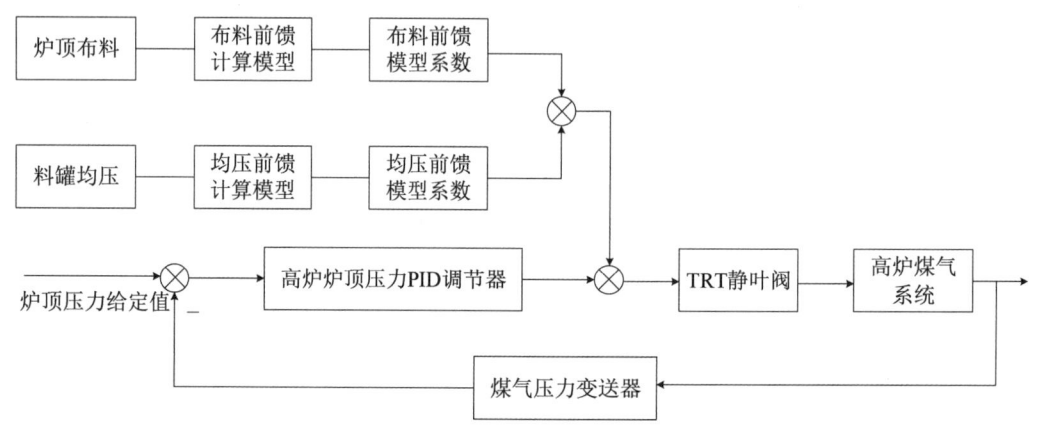

图 4-19 高炉顶压前馈补偿控制

高炉煤气系统由多个容器和管道构成,呈现出明显的大滞后特性,单一的 PID 控制难以实现高精度调节。为此,在 PID 闭环系统中引入了前馈控制机制,以应对炉顶压力的两类主要扰动:布料和料罐均压。前馈控制系统通过实时跟踪布料状态和均压过程,基于前馈模型计算扰动量,并乘以系数后转换为阀位调节信号,叠加至 PID 输出,共同调节 TRT 静叶开度。在扰动初期,前馈系统可提前介入补偿,从而降低炉顶压力波动;在扰动影响减弱后,前馈输出逐步衰减并最终归零,由 PID 系统接管控制任务。整个过程中,PID 闭环控制始终在线运行,对未被前馈补偿的未知扰动进行实时调节,实现了前馈与反馈的有效协同,提升了炉顶压力控制的响应速度和稳定性。

由于被控对象受多种因素影响,前馈控制系统虽可有效补偿布料和料罐均压等主要扰动,但对于炉内冶炼气流、高炉加减风、鼓风机运行状态以及执行器切换等随机性强、不可预测的因素则难以应对。为此,系统引入鲁棒性强的 PID 闭环控制对这些非主要扰动进行实时调节。前馈与反馈的协同配合,各自发挥优势,既提升了控制精度,又增强了系统对复杂工况的适应能力,从而实现了更理想的复合控制效果。

2.湿法除尘装置下的高炉顶压控制系统设计

湿法除尘系统采用洗涤器对煤气进行清洗。洗涤器内部设有多个环形间隙,组合使用以调控炉顶煤气的流动。在完成清洗后，顶部煤气被引导至 TRT 用于发电。干法除尘系统中炉顶压力几乎等于 TRT 入口压力，且仅通过涡轮叶片调节；而在湿法除尘系统中，炉顶压力与 TRT 前压力之间存在显著耦合，分别由洗涤器和 TRT 静叶的环形间隙共同控制。在此系统中，控制输入包括洗涤器和 TRT 中静叶的间隙开度与角度，控制输出则为炉顶压力和 TRT 前压力。炉顶压力与 TRT 前压力之间存在强耦合关系，是导致控制效果不理想的关键因素。

图 4-20 所示为湿法除尘系统示意图。在高炉正常运行状态下，煤气在鼓风作用下自炉底迅速上升，从料面逸出并被抽走，依次经过重力除尘器、湿法除尘器和 TRT 装置。为确保系统安全，当 TRT 发生故障时，设置有快开阀和旁通阀作为紧急气体通道。重力除尘器利用重力和离心力去除气体中的大颗粒粉尘，而洗涤器则通过 3 个平行设置的环形间隙进行水洗除尘。该结构不仅具备高效除尘功能，同时实现了对炉顶气流的有效控制。经净化后的煤气进入 TRT 系统发电，静叶在进入 TRT 之前精确控制压力，实现能量回收与系统稳定运行的双重目标。

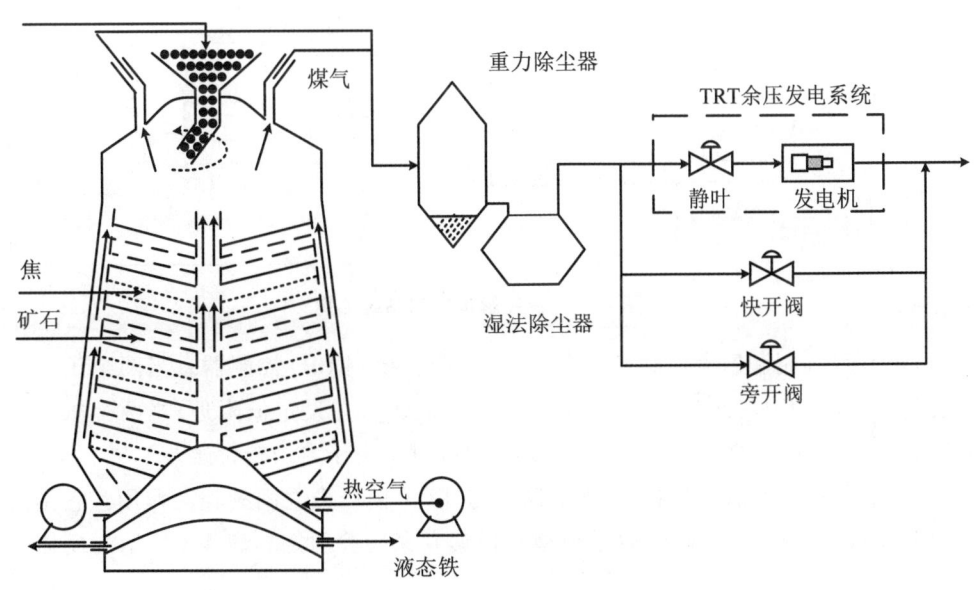

图 4-20　湿法除尘系统

在高炉配料过程中，焦炭或铁矿石下料会抑制煤气从料面逸出，导致煤气流量减少，炉顶压力下降；而当停止配料时，煤气重新从料面逸出，流量增加，顶压随之升高。顶压系统具有明显的非线性动态特性，且顶压与 TRT 前压力之间存在耦合关系。

在顶压和 TRT 前压接近设定值、系统处于平衡状态附近时，其动态特性较为平稳，此时可采用线性近似模型描述系统行为，并使用经典 PID 控制器进行调节。PID 控制器通过设定的比例、积分和微分参数，能快速响应微小扰动，维持系统稳定。然而，当系统压力偏离设定值较远时，非线性特性增强，线性模型不再适用，传统 PID 控制器难以有效应对复杂变化，容易导致控制精度下降、响应变慢甚至系统失稳。

为提高煤气利用率控制系统的鲁棒性和适应性，结合系统的非线性特性，引入模糊控制与PID控制的协同机制,实现更精准的动态调节。模糊控制器基于顶压与TRT前压的变化趋势,实时生成模糊控制量,并与PID输出叠加,形成复合控制策略。该方法既保留了PID在小范围扰动下的精确性,又提升了系统在强非线性和大扰动下的鲁棒性与适应性。此外,顶压与TRT前压之间存在显著耦合,常规线性解耦方法难以实现有效分离,影响控制性能。针对该问题设计了一种模糊解耦控制策略,该策略利用模糊逻辑规则动态评估两变量间的耦合关系,并实时调整控制器输出,从而有效抑制相互干扰,实现更高精度的压力控制。模糊解耦控制提升了系统在复杂工况下的响应速度和稳定性,使顶压控制系统运行更加可靠、高效。

模糊解耦控制系统结构如图4-21所示。它由两个模糊PID控制器、一个模糊解耦控制器和两个线性校正调节器组成。

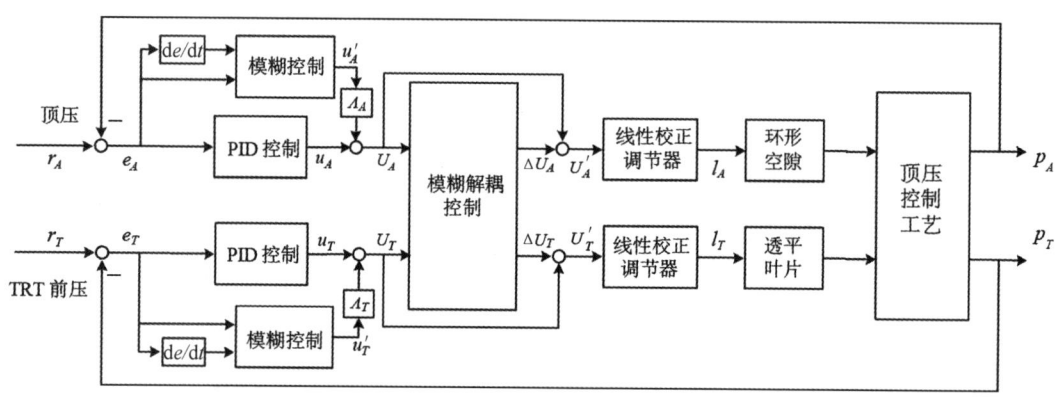

图4-21 模糊解耦控制系统结构

(1)将PID控制和模糊控制相结合,设计了两种模糊PID控制器。当两个压力设定值略有变化时,采用PID控制器保持系统较为稳定地运行在设定值附近;当两个压力远离平衡点时,将模糊控制器叠加在PID控制器上,以抑制两个压力的较大误差。

(2)提出了模糊解耦控制器,解耦了顶压与TRT前压力之间的相互作用。它主要依赖专家经验和数据,而不是精确的数学模型。根据专家经验制定如表4-3所示的模糊控制规则表。

表4-3 模糊控制规则表

| EC/U/E | NB | NS | ZO | PS | PB |
| --- | --- | --- | --- | --- | --- |
| NB | PB | PB | PS | ZO | ZO |
| NS | PB | PM | ZO | ZO | NS |
| ZO | PM | PS | ZO | NS | NM |
| PS | PS | ZO | ZO | NM | NB |
| PB | ZO | ZO | NS | NB | NB |

(3)考虑到静叶开度与流量之间存在显著的非线性关系,研究者设计了两个线性校正调节器,用于对该非线性进行动态补偿。通过引入线性化处理,可在控制系统中实现更准确的

控制输出与执行机构响应之间的映射关系,减小系统静态误差和动态响应滞后,提高整个模糊解耦控制系统在多工况下的稳定性与适应性。

本节提出的高炉顶压智能控制体系通过融合前馈补偿、模糊解耦与动态校正技术,在干法/湿法除尘场景下分别实现了±1.5 kPa 和±2.0 kPa 的顶压稳态控制精度,为高炉稳定运行与余压发电效率提升提供了有效解决方案。然而,现有方法在多时间尺度扰动协同控制方面仍存在优化空间,未来研究可从以下维度深化:一方面,针对布料操作与送风调节的时域特性差异,构建时空分离的预测模型,采用长短期记忆网络捕捉布料滞后效应,结合模型预测控制实现分钟级动态优化;另一方面,开发基于数字孪生的多物理场仿真平台,分析流体力学模拟环缝装置微米级开度变化对除尘效率与压损的耦合影响规律,并嵌入强化学习算法自主优化解耦参数,通过深度集成数据驱动模型与多尺度分析理论,有望推动高炉顶压控制从"被动稳压"向"参数寻优"跨越,为冶金工业智能化升级提供关键技术支撑。

## 思考题

(1) 在高炉炼铁过程中,热风温度控制对冶炼反应效率有何影响?请结合热风炉结构和工作原理进行简要分析。

(2) 在高炉煤气利用率预测过程中,如何将专家经验与数据驱动的预测模型(如 SVR)结合,以提高模型的准确性和工业可解释性?请结合煤气利用率的主要影响因素设计一种融合方法,并讨论其优点与可能面临的挑战。

(3) 请思考如何将高炉操作参数在不同时间尺度上的变化(如短期喷煤波动、中期富氧变化和长期布料规律)结合起来,构建一个能够综合反映多时间尺度特征的预测模型。

(4) 在实际的工业现场中,煤气利用率的预测需要处理大量的高维度、多时间尺度的数据。请思考如何利用深度学习算法(如 LSTM、Transformer 等)对这些庞大且复杂的数据进行有效建模,解决数据特征提取、模型训练以及过拟合等问题,并分析深度学习方法在处理工业数据中的优势与挑战。

(5) 针对高炉热风炉的温度控制,PID 控制、模糊控制与机器学习方法各自的优缺点是什么?如何根据不同的应用场景选择合适的控制策略?

(6) 如何利用模型预测控制(model predictive control, MPC)来优化炉顶压力的控制性能?与传统 PID 控制相比,MPC 的优势和挑战在哪里?

(7) 在高炉操作中,如何利用智能控制方法(如强化学习、模糊控制等)来自动调整炉顶压力和余压发电系统的运行策略?

## 主要参考文献

安剑奇,彭佳佳,陈略峰,等,2021.高炉富氧操作对煤气利用率影响的多时间尺度分析[J].冶金自动化,45(3):85-94.

程普昌,1999.余压发电与高炉顶压的调节控制[J].炼铁(增刊1):63-66.

刘全兴,1991.模糊控制系统稳定性分析和控制器设计[J].控制与决策(3):178-183.

孙涛,2022.关于TRT启机冲转过程的优化与改进[J].冶金自动化,46（增刊1）：375-377.

孙铁,陈桂华,王俊然,2004.模糊神经网络在热风炉中的应用[J].中国冶金:300-303.

周平,王宏,柴天佑,2022.数据驱动建模、控制与监测:以高炉炼铁过程为例[M].北京:科学出版社.

An J, Yang J, Wu M, et al. ,2019. Decoupling control method with fuzzy theory for top pressure of blast furnace[J]. IEEE Transactions on Control Systems Technology,27(6)：2735-2742.

GOMES F S V, CÔCO K F, SALLES J L F,2017. Multistep forecasting models of the liquid level in a blast furnace hearth[J]. IEEE Transactions on Automation Science and Engineering,14(2):1286-1296.

WANG X, LIU C, LIU L, et al. ,2024. Research and practice of intensified operation on BF with high top pressure[J]. Iron and Steel,59(10):11-19.

ZHANG H, SHANG J, ZHANG J, et al. ,2022. Nonstationary process monitoring for blast furnaces based on consistent trend feature analysis[J]. IEEE Transactions on Control Systems Technology,30(3):1257-1267.

ZHAO G, AN J, GUO Y, et al. ,2024. A multi-time-scale multi-step prediction method for gas utilization rate in a BF based on just-in-time learning[J]. Control Engineering Practice,147:105940.

ZHOU P, SONG H, WANG H, et al. ,2017. Data-driven nonlinear subspace modeling for prediction and control of molten iron quality indices in blast furnace ironmaking[J]. IEEE Transactions on Control Systems Technology,25(5):1761-1774.

# 第五章　炼钢及连铸生产过程典型自动控制系统及其应用

炼钢过程以高炉产出的合格铁水、废钢、铁合金为主要原料，不借助外加能源，靠铁水本身的物理热和铁液组分间化学反应产生热量，在转炉中去除硅、硫、磷等杂质，降低碳元素至2%以下，调整锰、镍、铬等元素含量，熔炼出合格钢水的工艺过程。转炉生产出来的钢水经过精炼炉精炼以后，需要将钢水铸造成不同规格的钢坯，连铸过程就是将精炼后的钢水连续铸造成钢坯的生产工序。本章首先分析转炉炼钢过程生产工艺，然后针对炼钢过程生产目标和控制要求，分别阐述炼钢终点控制系统、精炼炉合金加料控制系统、结晶器液位控制系统3个典型控制系统。

## 第一节　炼钢及连铸过程生产工艺

炼钢过程将铁矿石在高炉中还原为生铁，然后在转炉中通过氧气吹炼去除杂质和多余的碳，产生钢水，接着钢水被浇入铸模中进行连铸，初步凝固形成钢坯，并在冷却后进行裁切和质量检测，最终生成可用于加工的钢材。

### 一、转炉炼钢生产工艺流程

转炉炼钢的原料主要是高炉生产得到的铁水，其中含有93%~94%的铁和6%~7%的杂质，杂质以碳为主，还包括硅、硫、磷等。炼钢过程首先对铁水进行预处理，去除硅、硫、磷等杂质，然后在转炉膛中通过吹入氧气和加入副原料调节碳和其他成分，最后在精炼炉中进行调质，完成夹杂物去除及最终成分的调节，得到优质的钢水，为后续的连铸轧钢过程做准备。炼钢生产工艺流程图如图5-1所示。

炼钢生产过程主要包括铁水预处理、转炉炼钢和炉外精炼过程。

1. 铁水预处理

铁水预处理是铁水在进入转炉之前预先脱除杂质元素或回收有价值元素的一种铁水处理工艺，包括铁水脱硅、脱硫、脱磷，以及铁水提钒、提铌、提钨等。

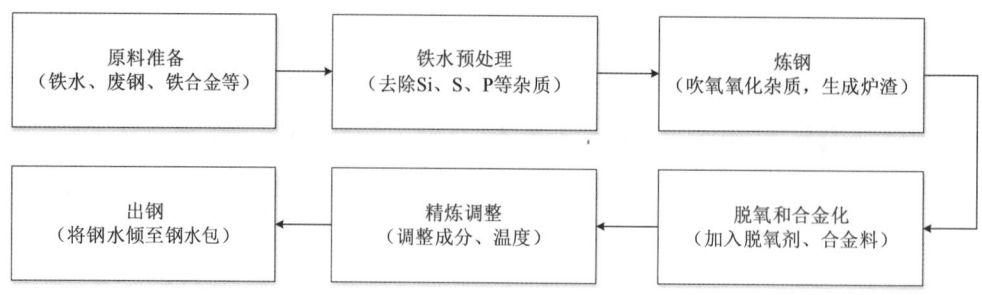

图 5-1 炼钢生产工艺流程图

### 2. 转炉炼钢

转炉炼钢是指以铁水、废钢、铁合金为主要原料,不借助外加能源,靠铁液本身的物理热和铁液组分间化学反应产生热量而在转炉中完成炼钢过程。转炉炼钢是目前世界上最主要的炼钢方法,它的主要任务是采用超音速氧射流将铁水中的碳氧化掉,去除有害杂质,添加一些有益合金,将铁水转化成各种性能的钢。

转炉是用耐火砖为内衬的铁制炉,让其倾斜装入铁液和其他的原料后直立,在上部有被称为喷枪的三重管结构,在中心部分通入氧气,在外部的进水管中通入冷却水,通过冷却的钢管,大力吹氧到熔池表面,使铁液中的多余成分氧化和燃烧并排除,添加相应的成分从而制造出具有所需成分的钢水。

图 5-2 所示是氧气顶吹转炉结构图。吹炼中,从喷枪中吹入高纯度、高流速的氧引起钢液的搅拌与氧化反应。氧气与钢液表面发生碰撞而着火,铁液中的碳(C)、硅(Si)、锰(Mn)等燃烧发热,并从钢液中渐渐减少;同时,石灰与 FeO、$SiO_2$、MnO 等发生氧化反应生成矿渣。

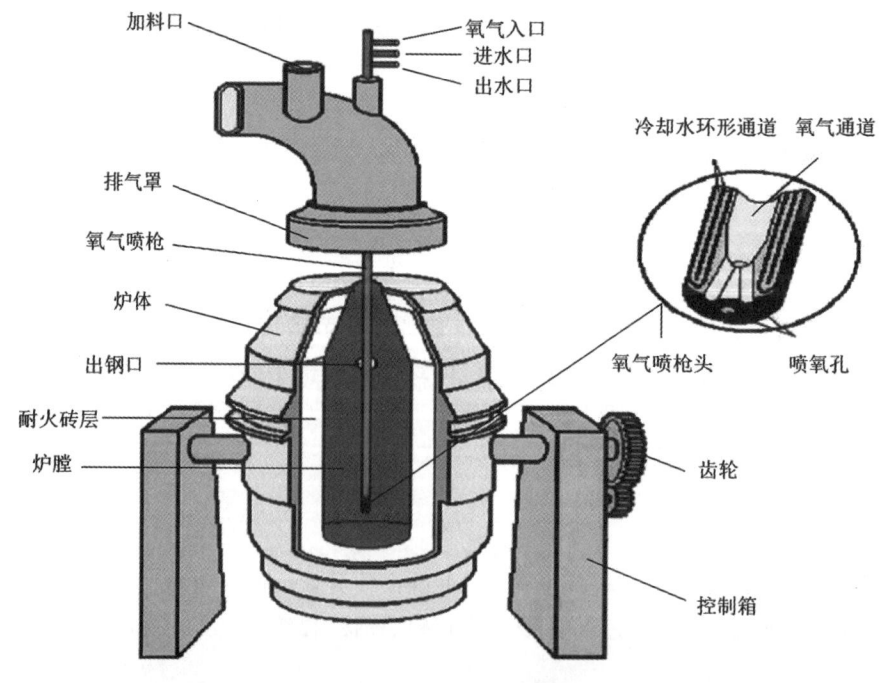

图 5-2 氧气顶吹转炉结构图

3. 炉外精炼

精炼过程是将转炉里出来的钢液在真空、惰性气体或还原性气氛的容器中进行脱气、调质、调温,去除夹杂物和成分微调等,以提高钢的质量和生产指定规格的钢水。

钢水精炼也叫炉外精炼,是将转炉初炼的钢液在精炼炉中进行冶炼的过程,运用真空处理、吹氩搅拌、加热控温、微合金化等技术降低碳、磷、硫、氧、氢、氮等元素在钢水中的含量,以免产生偏析、白点、大颗粒夹杂物,降低钢的抗拉强度、韧性、疲劳强度、抗裂性等性能。

目前得到公认并被广泛应用的炉外精炼方法有钢包精炼炉法(ladle furnace,LF)、真空循环脱气法(RH - vacuum degassing,RH)。

1971年LF法由日本大同特殊钢公司开发设计,其工作原理是在非氧化性气氛下,实现钢水中合金成分和温度的均匀化。电弧加热、造渣、脱硫、脱氧、合金化等是常用的化学方法,通过这些方法使钢水与精炼渣产生充分的化学反应将杂质去除,从而提高钢水质量。

1957年RH法由联邦德国鲁尔钢公司和海拉斯公司共同设计开发,其原始目的是脱去钢水中的氢。相比于LF法,快速和高效是RH法的优势,深度的脱氢、脱碳和合金化处理通常可以在30min内完成;轻度的脱氢、脱碳和合金化处理则可在20min内完成。RH法主要用于超低碳钢深脱碳和厚板、管线、重轨等钢种的脱氢,具有非常好的控制效果。

转炉炼钢作为一种成熟的炼钢工艺,凭借其高效率和经济性的优势,广泛应用于现代钢铁工业中。随着工业的进步,转炉炼钢过程逐渐实现自动化,监测和控制系统能够实时跟踪炉内的温度、气流、化学成分等数据。自动化控制使得整个炼钢过程的管理变得更加精准,提升了生产效率和产品质量。在未来的发展中,转炉炼钢有望结合新技术,朝着更高效、更环保的方向继续发展。

## 二、连续铸造生产工艺流程

连续铸造作业是将钢液转变成钢胚的过程。上游处理完成的钢液盛入钢桶运送到转台,经钢液分配器分成数股,分别注入特定形状的铸模内,开始冷却凝固成形,生成外为凝固壳、内为钢液的铸胚,接着铸胚被引拔到弧状铸道中,经二次冷却继续凝固直到完全凝固。经矫直后再切割成块,方块形即为大钢胚,板状形即为扁钢胚。此半成品需要经钢胚表面处理后再送轧钢厂轧延。连铸生产工艺流程如图5-3所示。

首先,炼钢工序生产的合格钢水被倾入钢包之中,由天车(桥式起重机)吊运至连铸机上方,天车将钢水包中的液态钢水注入中间包,连铸机中进行连铸生产,连铸坯从连铸机下方拉出。然后,用飞剪对连铸坯进行定尺剪切,剪切成定尺长度的连铸坯送入隧道均热炉中,连铸坯在隧道均热炉中缓慢前进,以保证连铸坯温度均匀和恒定。隧道均热炉的长度通常为100~200m,甚至更长,达到250m。最后,连铸坯从隧道均热炉的另一端出来后进入热连轧机组中轧制,经轧制成型后的钢材进入水冷段进行层流冷却,经过层流冷却后的钢材进入卷取机中卷取,卷成卷筒状的钢材由天车运送至成品库存放。

连铸过程的控制问题主要涉及温度、速度、冷却和质量检测等多个环节。温度控制是核心,钢水温度过高会导致结晶器内凝固不均,过低则易造成铸坯开裂。拉坯速度需要与冷却

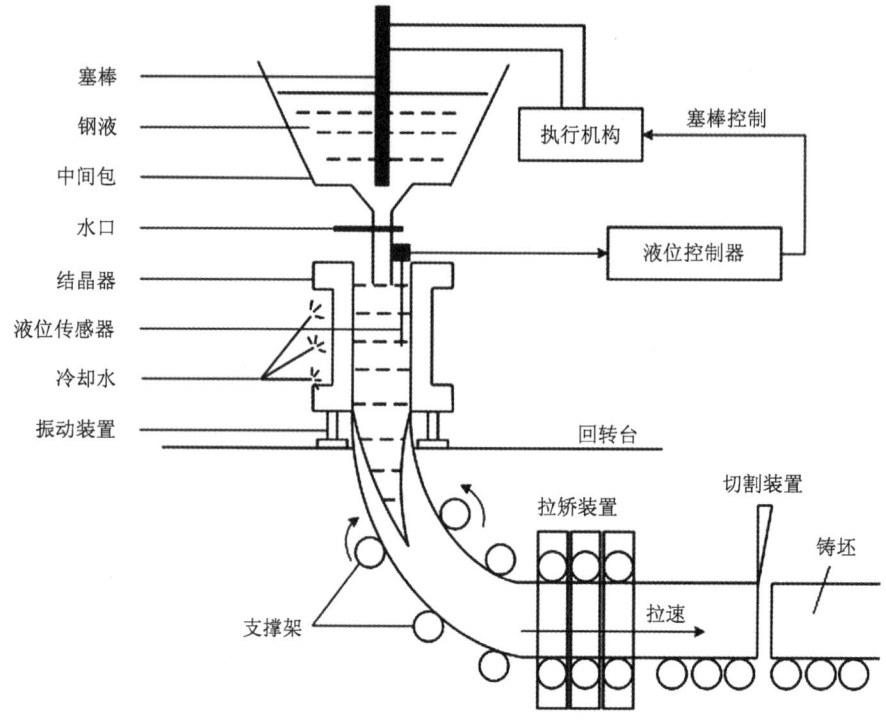

图 5-3 连铸生产工艺流程图

系统匹配,速度过快可能导致漏钢或表面缺陷,过慢则影响生产效率和铸坯质量。冷却控制分为结晶器冷却和二次冷却,两者需协调,避免热应力集中导致裂纹或内部缺陷。液面控制确保钢液稳定流入结晶器,避免卷渣和漏钢。此外,表面和内部缺陷的在线检测、应对操作波动的灵活调整以及设备的维护管理也非常重要。现代连铸工艺大量采用自动化和实时监控技术,以提高产品质量、生产效率,降低能源消耗与操作风险。

## 第二节 炼钢终点控制系统

转炉炼钢是目前世界上应用最广泛、最高效的炼钢方法,冶炼终点控制是转炉生产中的关键技术之一,终点的准确判断在提高钢水质量、缩短冶炼周期方面具有重要的意义。但由于入炉原料不稳定、化学反应复杂和所炼钢种要求严格等因素,冶炼终点的准确控制仍是难点。

### 一、炼钢终点控制过程的工艺要求

图 5-4 为炼钢终点控制工艺简图。将预处理后的铁水倒入转炉中,氧气由鼓风机送至氧枪管道,调整阀门开度控制氧气流量,吹氧到熔池表面,使铁水中的多余成分氧化和燃烧并排除。副枪又称检测枪,是氧气顶吹转炉在中断吹炼的情况下直接测定钢水温度、碳含量

和取样的装置,主要作用是在炼钢过程中对转炉的熔池深度、钢水的温度、碳氧元素的含量进行测量以及取得钢水试样。

终点控制对转炉后的钢水质量要求较高,碳含量和温度需达到规定范围。终点控制的目的是供给合格的钢水,使转炉产钢量适应负荷需要,同时保证转炉的经济性、安全性。要实现该控制目的,必须对锅炉生产过程中的各个主要工艺参数进行严格控制。

转炉设备是一个复杂的被控对象,主要输入变量包括氧气量、冷却剂量、送风量等,主要输出变量有钢水碳含量、钢水温度等,图 5-5 所示为转炉输入变量与输出变量相互关联示意图。如果氧

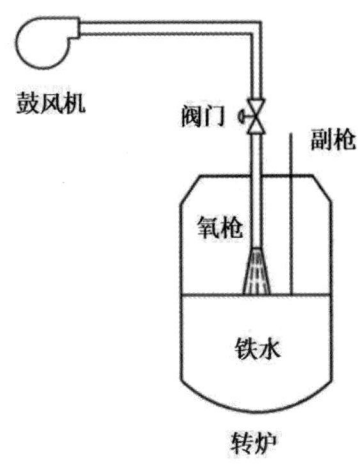

图 5-4 炼钢终点控制工艺简图

气量发生变化,会引起钢水碳含量的变化,而冷却剂量的变化不仅影响钢水碳含量,还会影响钢水温度。

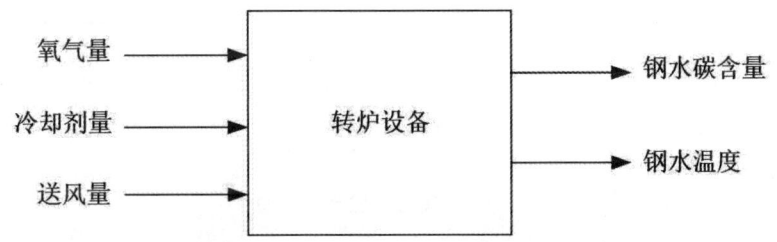

图 5-5 转炉输入变量与输出变量相互关联示意图

转炉是一个具有多输入/多输出变量且变量之间相互关联的被控对象。吹炼结束前根据辅助喷枪(副枪)测量吹炼末期的钢液成分(主要为含碳量、熔解氧气量)与钢液温度,并基于钢液中碳质量分数估算式与钢液温度估算式,控制作为调节量的吹入氧气量与冷却材料投入量的操作通常称为终点控制,终点控制主要包括钢水碳含量和钢水温度控制。

(1) 钢水碳含量的控制:钢水碳含量是转炉生产的重要指标,其控制目的是基于转炉内部的物料平衡关系,使氧气量满足转炉生产的需求,并将转炉中的钢水碳含量维持在工艺允许的范围内。

(2) 钢水温度的控制:通过控制冷却剂量,使转炉内部反应产生的热量适应后续轧钢、连铸的需求,并保证转炉温度稳定在工艺规定的范围内。

常见的控制方案有手动控制、碳温单独控制以及碳温复合控制等,由于手动控制存在响应速度慢、准确性不足等局限性,本节将重点介绍碳温单独控制系统和碳温复合控制系统。

## 二、碳温单独控制系统设计

由于转炉炼钢过程非常复杂,对碳温控制要求较高,许多钢铁公司将碳温控制作为两个

独立的物理过程分别控制,下文单独对两个参数进行控制方案设计。

**1. 碳含量控制方案设计**

碳是决定钢力学性能的最主要因素,所以钢水碳含量是转炉生产的重要指标。随含碳量的增加,钢硬度增大,塑性、韧性下降。当含碳量<0.77%时,随含碳量的增加,钢强度增加;而当含碳量>1.0%以后,钢强度反而下降。因此,必须严格控制钢水的碳含量。在转炉炼钢的过程中,一般是往转炉里吹入氧气,与之反应生成CO排出转炉,从而到达脱碳效果,为后续的连铸做准备,所以影响钢水碳含量的主要因素是氧气量、送风量等。图 5-6 为碳含量控制系统图。

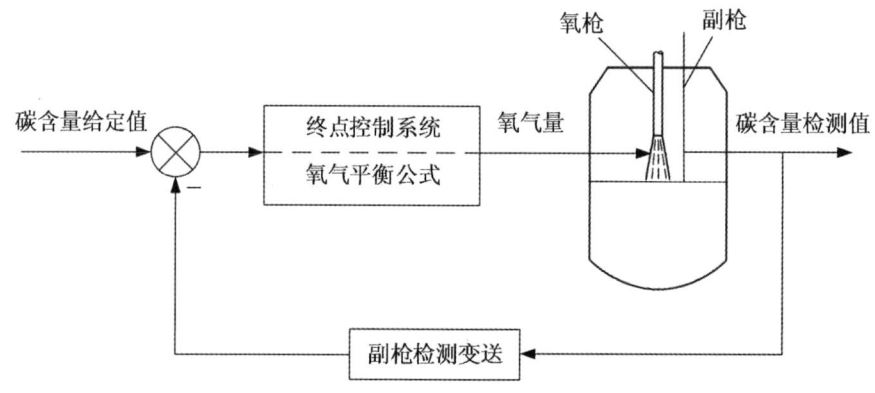

图 5-6 碳含量控制系统图

(1) 控制变量的选择。选用钢水中的碳含量作为被控变量,系统要求碳含量必须控制在一个定值下。影响钢水碳含量的主要因素是氧气量,将氧气量作为控制变量。而氧气成分、湿度等因素又会影响氧气还原能力,进而影响碳含量,是系统的干扰量。

(2) 过程检测和执行机构的选择。考虑到转炉内部状态复杂,耐高温、高压的碳含量检测仪器一般采用测温定碳复合探头取样,测定温度和碳含量,采用高精度的定碳盒,通过测定钢水的凝固温度,计算出钢水中的碳含量,以决定后吹的时间及供氧量,可用于温度和碳的动态控制。

为确保生产过程安全,根据执行器选取原则选用气开式执行器。根据过程特性和控制要求,选择对数流量特性的调节阀。根据被控氧气流量的大小和调节阀流通能力及其尺寸的关系,确定调节阀的公称直径和阀芯的直径。

**2. 温度控制方案设计**

在炼钢过程中,钢水温度是一个重要参数。温度控制主要是过程温度控制和终点温度控制。终点温度控制的好坏会直接影响冶炼过程中的能量、合金元素的收得率、炉衬使用寿命及成品钢的质量等技术经济指标,而科学合理地控制熔池温度又是调控冶金反应进行的方向和限度的重要工艺手段,如适当低的温度有利于脱磷、较高的温度有利于碳的氧化等。因此,必须严格控制钢水的温度。概括地讲,熔池温度对炼钢生产的影响主要表现在冶炼操作、成分控制、浇注过程和锭抷质量等方面。影响钢水温度的主要因素有铁水成分、铁水装入量、终点碳含量、枪位等。图 5-7 是温度控制系统图。

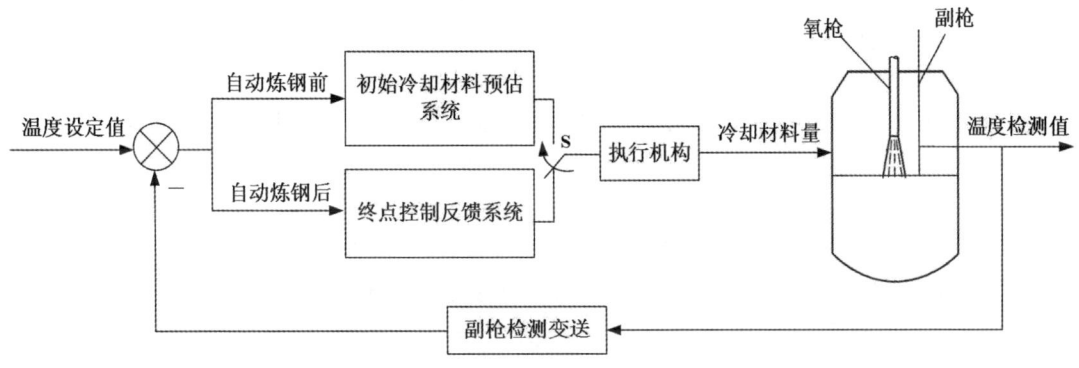

图 5-7 温度控制系统图

在自动炼钢过程前,根据钢水的温度和设定温度预先计算并提前加入一定量的冷材料。在自动炼钢过程开始后,根据副枪检测的温度和炉况判断,通过增加冷却量的投入调整温度。

(1) 控制变量的选择。根据生产工艺过程,产品质量取决于钢水中碳含量和钢水温度,此时,选用钢水温度作为被控变量,系统要求钢水温度维持在一个区间范围。影响钢水温度的主要因素是冷却材料量(废铁、石灰石等),将冷却材料量作为控制变量,而冷却材料成分、黏度等因素又会影响冷却效果,进而影响钢水温度,是系统的干扰量。以上变量构成钢水温度控制系统。

(2) 过程检测和执行机构的选择。考虑到转炉内温度通常稳定在 1650~1680℃,具体温度因钢种、炉子大小而异,所以采用热电偶温度检测仪器。热电偶是一种感温元件,也是一种仪表。它直接测量温度,并把温度信号转换成热电动势信号,通过电气仪表转换成被测介质的温度。

选择冷却材料量作为控制变量。吹炼过程前,冷却材料直接进入转炉,进行温度预调节。在吹炼过程达到 85% 左右时,副枪开始进行测量,转炉二级收到副枪的温度测量值后进行计算得到所需的冷却剂重量,经执行机构加入冷却材料,每隔 1s 采集一次实际冷却剂的加入量,根据收到的数据计算溶液的温度,从而达到精准的温度控制目标,其控制通道的滞后较小,干扰量冷却剂含量与控制变量一起进入系统,所以需要精准把握冷却剂含量,减少对系统的干扰。

根据过程特性和工艺要求,反馈控制器通常选用比例-积分(proportional - integral,PI)或比例-积分-微积分(proportional - integral - derivative,PID)控制规律。

## 三、碳温复合控制系统设计

转炉炼钢是一个复杂的高温、多相物理化学反应过程,其间各种因素耦合性强,且实际炼钢过程中存在着一些不确定因素,如冶炼过程容易发生炉渣和金属喷溅,中期炉渣容易返干,后期脱碳反应容易偏离平衡等。同时,转炉冶炼在1300℃以上的温度下进行,难以实现在线连续测量,检测信号缺乏,闭环控制实现困难。这些因素使得转炉终点单独闭环控制效果较差,因此需要通过基于模型的复合控制方法解除因素耦合关系,以达到精准控制装炉含量和铁水温度的目的。

计算机和智能技术的快速发展,为建立准确的转炉炼钢模型提供了良好的条件。基于智能算法的转炉炼钢预测模型不需要关注转炉内部的反应过程,模型的输入和输出关系可以直接通过实际采样数据建立。径向基函数(radial basis function,RBF)神经网络在回归和预测应用中显示出多个优势,是模拟复杂工业过程投入产出关系的有效回归算法。但传统的RBF神经网络需要事先确定隐含层节点的个数,隐含节点个数确定,网络结构也随之确定,且由于边界条件的波动,静态结构的网络无法完全学习到输入变量与输出变量之间的非线性关系。对于转炉输入变量和输出变量之间的非线性关系不稳定的特点,可采用一种动态自调整的RBF神经网络结构,图5-8为动态自调整RBF神经网络结构图。除此之外,还可以采取基于梯度提升树算法(gradient boosting regression,GBR);支持向量回归算法(support vector regression,SVR)构成的模型。

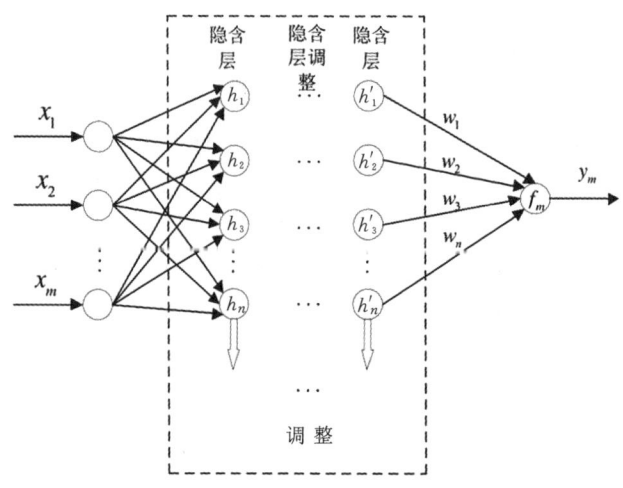

图 5-8 动态自调整 RBF 神经网络结构图

注:图中 $x_1,x_2,\cdots,x_m$ 是输入数据(如转炉炼钢原料成分、供氧参数等);$h_1,h_2,\cdots,h_n$ 为初始隐含层节点输出,经"隐含层调整"(依据数据特点、误差反馈优化节点状态与参数的机制)得到。$h'_1,h'_2,\cdots,h'_n$ 适配转炉非线性关系变化;$w_1,w_2,\cdots,w_n$ 是隐含层到输出层连接权值,$f_m$ 为输出函数,整合计算后输出 $y_m$(如钢水成分、温度等预测指标)。

碳含量终点预测模型是将铁水的初始碳含量、吹氧量以及废钢重量等操作量作为输入变量来获取副枪检测点碳含量的预测值,温度终点预测模型与碳含量终点预测模型一样,但输入变量和输出变量不同,它的输入变量是铁水初始温度、冷却剂加入量以及化渣剂等操作量,输出变量是铁水温度预测值。图5-9所示为碳温终点控制输入变量与输出变量之间相互关联。

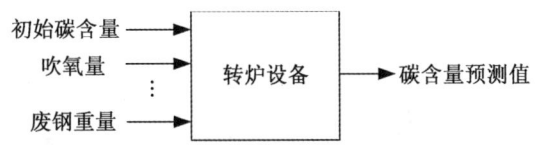

(a) 碳含量终点预测模型输入变量与输出变量关系

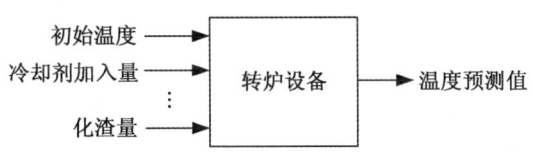

(b) 温度终点预测模型输入变量与输出变量关系

**图 5-9 碳温终点控制输入变量与输出变量相互关联示意图**

碳温复合控制系统框图如图 5-10 所示,该系统由碳含量预测模型和温度预测模型、碳含量调节器、温度调节器以及碳温预测模型的调节器模块组成。碳含量预测模型和温度预测模型分别输出预测的碳含量和温度值,调节器则根据预测值与实际值之间的误差动态调整模型参数。系统依据碳含量和温度的期望值与预测值之间的偏差分别通过调节器调控氧气流量,以及通过温度调节器调节冷却剂的加入量,从而实现误差最小化。最终将优化后的控制结果传送至执行机构,驱动转炉系统运行,以确保碳含量和温度稳定在目标范围内。图 5-11 展示了单独控制与复合控制条件下碳温预测误差的分布情况。

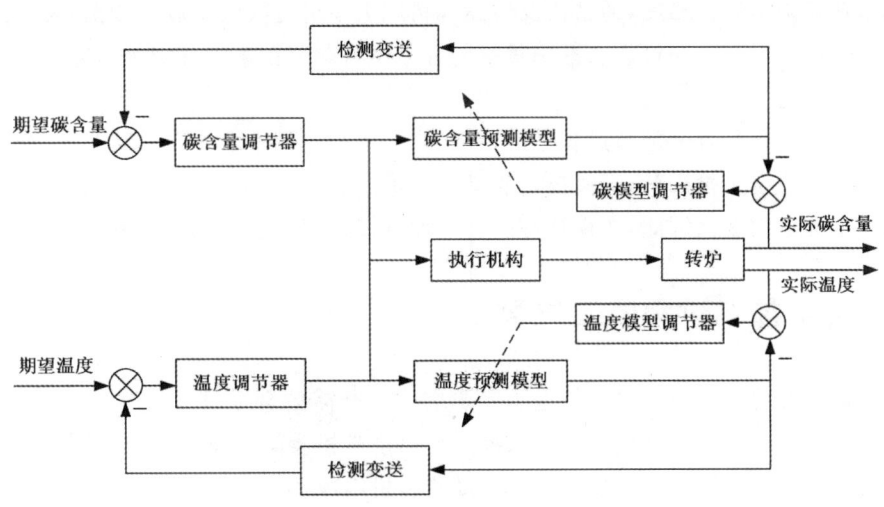

**图 5-10 碳温复合控制系统框图**

从图 5-11 中可以看出,采取复合控制后,碳含量和温度命中率分别从 82% 和 77% 提高到 98% 和 92%。通过计算,二次命中率达到 90% 以上,从而验证了该调节方法实现转炉终点控制的合理性。通过以上分析可以得出结论,动态控制模型是有效可行的。

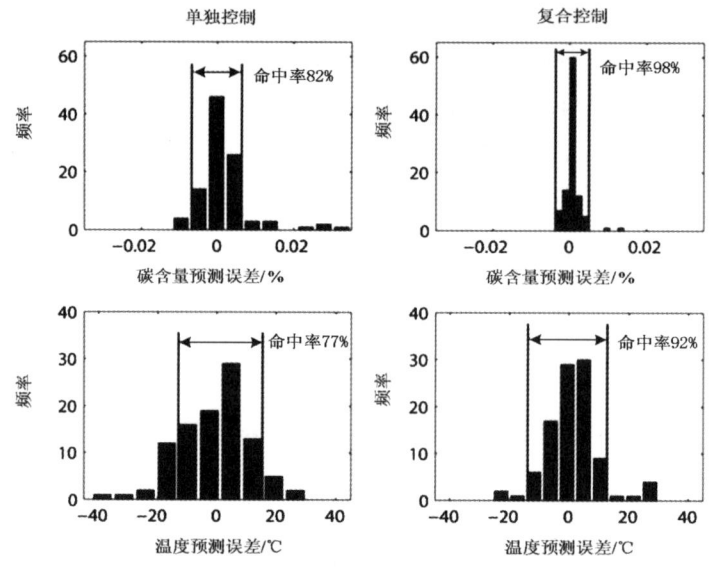

图 5-11 单独控制与复合控制条件下碳温预测误差的分布情况比较

## 第三节 精炼炉合金加料控制系统

钢水在转炉冶炼合格后,通常需要转运到精炼炉中进行脱气、调质、调温,去除夹杂物和成分调整等处理。其中通过加入准确重量的合金物料调节钢水成分用于制造指定品种的钢材是重要操作之一。

合金称量过程是合金加料过程中的重要环节,是影响钢水合金含量的关键,合金称量精度决定着钢水中合金投入量,直接决定着钢水质量。然而,实际称量过程中总是存在不确定性影响合金称量精度。因此,实现精炼炉合金称量过程高精度控制至关重要。

### 一、合金加料过程的工艺要求

精炼炉合金称量系统主要是依据生产要求称量所需的合金重量,并将称量得到的合金送至精炼炉中实现合金化处理。称量系统主要由皮带机及除尘设备、合金料仓、振动给料机及料位检测设备、称量料仓、称量装置及振动给料机组成。

精炼炉合金称量过程是将铝、高碳锰铁、低碳锰铁、锰铁、硅铁、钛铁等十几种合金按照每炉钢水种类和品质的要求准确地称量出来,投放至精炼炉进行钢水的合金化处理。每一种合金物料放在一个料仓中,如图 5-12 所示。通过振动给料器,合金物料从料仓经出料口滑落到称量斗上。称量斗中的重量传感器按照一定采用周期实时反馈合金重量,当合金达到要求重量后,振动给料机停止振动,将合金通过管道投放到精炼炉钢水中,实现钢水合金含量的调节。

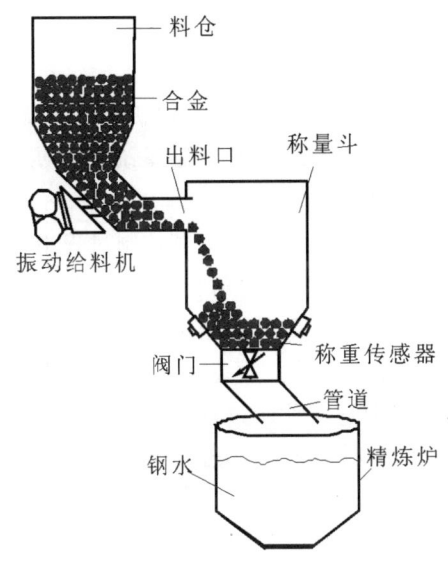

图 5-12 合金称量装置及生产过程

精炼炉合金称量控制的目的是供给更加优良的钢材,使精炼炉产量适合负荷需求,同时保证生产过程的经济性、安全性。精炼炉合金称量过程是一个干扰大、非线性、时滞的过程,在称量过程中称量精度会随着各种因素而变化,如物料物理状态变化、振动给料器振动幅度变化等都会影响称量精度。要实现该控制目标,必须对精炼炉生产过程的主要参数进行严格控制。

称料过程是一个复杂的被控对象,主要输入变量包括合金的成分、振动给料机的振动幅度及振动时间等,主要的输出变量是合金重量。可见,称料过程是一个具有多输入变量且变量之间相互关联的被控对象。根据振动给料机性能不同,可以将精炼炉合金称量系统分为定频控制系统和变频控制系统两种。

1. 定频控制系统

定频控制系统是指在合金称量过程中,振动给料机不能通过或者不需要经过在线无极调速(通常可以离线手动调节),而是直接采用固定频率加分档幅度来控制称量过程的系统。该系统通常设置强振幅度和弱振幅度两种类型。振动给料机振动幅度越高,料流速度越快,反之料流速度越慢;振动时间越长,累积到称料斗中的重量越重。因此可以通过控制振动给料机的振动幅度档位和振动时间来调节称量斗中的合金重量,使其快速准确地达到设定值。

该控制方式的关键在于强振时间和弱振时间的准确控制。强振时间长,可以加快称量过程,提高效率,但是容易造成以过大速度停振,导致称量超出设定值;弱振时间长,可以较容易控制精度,但会导致称量过程时间过长,影响生产效率。另外,由于合金物料的粒度、黏度、密度等的波动,振动频率的漂移等问题导致料流速度频繁波动,强弱振时间需要实时动态调整。因此,如何通过强弱振时间的动态合理分配和优化是进行合金称量过程的高速和高精度控制的关键。

### 2. 变频控制系统

变频控制系统是指在合金称量过程中振动给料机可进行无极变频调速,通过变频控制来控制合金称量精度。相对比定频控制,变频控制系统能够使称量过程实现从高频率到低频率的稳定过渡,从而使称量精度更高。

精炼炉合金称量过程是个不可逆过程,在变频控制过程中一般需要采用预测控制算法,提前计算控制量,以防出现超调。同时,考虑到合金称量过程是个不可逆过程,所以实际振动频率不能为负值,当控制算法计算得到的控制量小于零时,只能停振。

采用变频控制系统控制合金称量过程关键在于如何实现稳定和高精度称量,称量过程中不能出现频率频繁振荡,同时要适应称量过程中存在的不确定性和随机性扰动,控制算法需要能够根据实时扰动动态调整频率控制,实现高精度控制。

目前精炼炉合金称量过程使用最多且价格最便宜的振动给料器是两档定频幅度式给料器(两档幅度分别称为强振幅度和弱振幅度),即该振动给料器只能通过离线调节出强振频率和弱振频率,通过在线调整强振和弱振执行的时间控制落到称量斗中的合金重量。本节以定频控制系统为例进行控制方案设计。

## 二、精炼炉合金加料传统控制系统设计

精炼炉合金称量过程是一个动态定量称量过程,动态定量称量过程含有振荡波动、不确定性等因素,主要包括动态称量和定量控制两个方面。其中,影响动态称量的主要因素有称重传感器的测量误差、噪声干扰误差、称重系统欠阻尼震荡、物料下落冲击力、空中物料滞留等;影响定量控制的主要因素有称量测量环节的测量误差、给料装置的动作滞后和延时以及惯性作用、物料空中落差影响等。

### 1. 控制变量的选择

根据生产工艺过程,产品质量取决于加入的合金重量,因此选用合金重量作为被控变量,系统要求合金重量维持在一个区间范围。影响合金重量的主要因素是振动给料机的振动频率、幅度及振动时间,而振动频率和幅度绝对值通常只能通过离线调整,所以自动控制系统将各幅度的振动时间作为控制变量,而合金成分、黏度等因素又会影响溜料时间,进而影响合金重量,所以其是系统的干扰量。以上变量构成合金加料控制系统。

### 2. 过程检测的选择

考虑到系统响应延时和加料装置动作滞后等因素,采用高精度的重量传感器,检测原理是利用物理的弹性原理,弹性体在外力作用下产生弹性变形,使粘贴在它表面的电阻应变片(转换元件)也随同产生变形。电阻应变片变形后,它的阻值将发生变化(增大或减小),再经相应的测量电路把这一电阻变化转换为电信号(电压或电流)输出。

## 3. 阈值控制方法

精炼炉合金称量过程是个不可逆过程，在定频控制过程中通常采用重量阈值控制算法，根据人工经验提前设计好重量阈值，到达相应重量阈值，调节强/弱振动幅度和停止振动，从而获得较小误差。重量阈值控制流程如图 5-13 所示。振动给料器的振动使合金物料从料仓经出料口滑落到称量斗上，称量斗中的重量传感器反馈合金重量与设置的重量阈值大小比较，若达到强弱振切换阈值，则调节给料机到弱振档位；若达到落差值阈值，则停止振动。

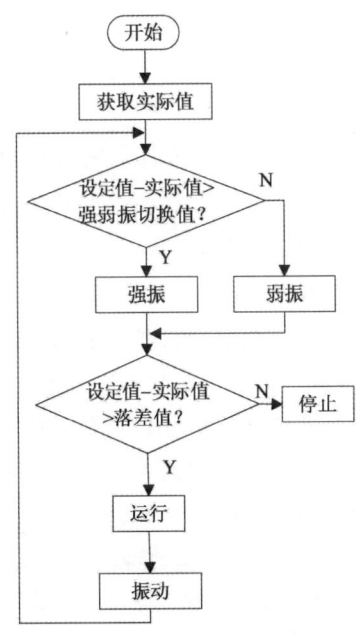

图 5-13 重量阈值控制流程图

图 5-14 所示为振动幅度作为控制变量时合金重量控制系统的控制流程图。系统以合金重量给定值作为输入，与实时检测到的合金实际重量进行比较，误差信号传入选择比较控制器。该控制器根据设定的阈值判断误差大小，选择对应的控制策略：若误差较大，输出信号触发强振送料过程；若误差较小，则触发弱振送料过程。振动给料过程根据接收到的控制信号，调节振动幅度来控制合金的实际给料速度，实现精细投料。最终，合金进入称量斗并完成重量检测，检测结果再反馈回控制系统，形成闭环控制，以不断修正误差，提高投料精度。

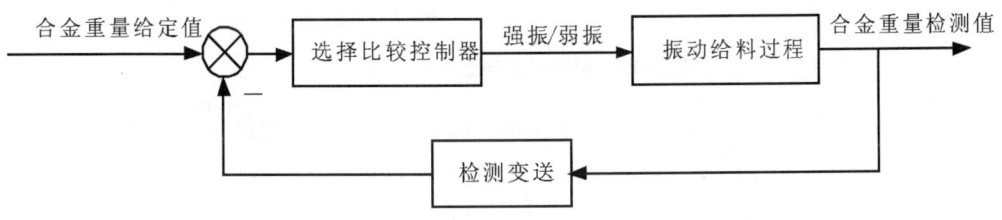

图 5-14 振动幅度作为控制变量时的系统框图

## 三、精炼炉合金加料智能控制系统设计

定频控制方式的关键在于强振时间和弱振时间的准确控制,强振时间长,可以加快称量过程,提高效率,但是容易造成以过大速度停振,导致称量超出设定值;弱振时间长,可以较容易控制精度,但会导致称量过程时间过长,影响生产效率。另外,由于合金物料的粒度、黏度、密度等的波动,振动幅度的漂移等问题导致料流速度频繁波动,强弱振时间需要实时动态调整。因此,需要通过自适应控制方法合理分配和优化强弱振时间,而振动时间的长短与合金重量具有相关性,合理控制和优化振动时间可达到合金称量过程的高速和高精度控制效果。

图 5-15 展示了针对定频控制系统的总体设计方案,该系统采用基于双环参数自校正的控制方法。系统中,重量传感器模块用于实时检测合金称量过程中的实际重量,检测数据同时传送至控制器参数内环自校正模块与记忆模块。内环自校正模块根据实时检测到的重量数据,对控制器的部分参数进行即时自校正;记忆模块则记录一次称量过程中的关键数据,并在下一次称量开始前,根据这些历史数据通过外环自校正模块调整控制器参数。内环与外环自校正模块共同构成控制器双环自校正模块,该模块将更新后的控制器参数反馈给基于二维模型的自校正控制器,以提升控制器对被控对象特性变化的响应能力,从而增强系统控制性能。最终,基于二维模型的自校正控制器根据综合自校正结果,实时计算出合适的振动时间,控制振动给料机的工作过程,精准完成合金称量。

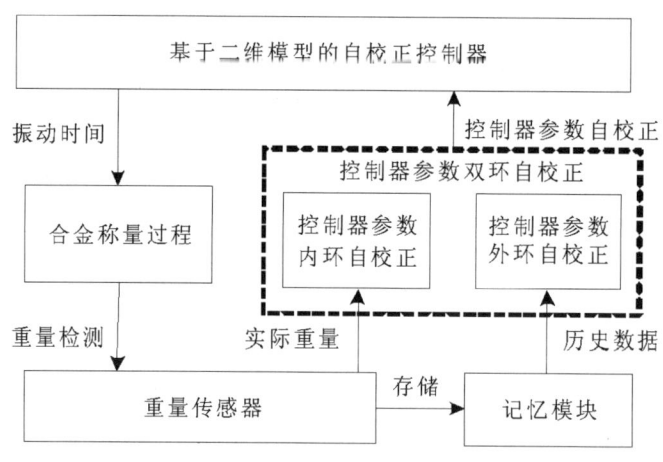

图 5-15 定频控制系统总体方案设计

由合金称量过程机理可知,振动给料器振动频率和合金物料物理性能一定时,振动给料机的流料速度也是一定的,称量重量按线性增加,因此可以整体上认为合金称量过程强振阶段和弱振阶段都是线性过程。考虑到合金称量过程存在系统延时、执行机构滞后以及频率切换过程,在强振到弱振的切换过程和弱振到停振的切换过程中都存在一个系统延时和过渡过程。另外,合金称量过程是个批次过程,以批次角度来看,每次称量完成和下一次称量

开始前均存在一个批次间准备阶段,所以可以将整个合金称量过程分为强振阶段(Ⅰ)、强振延时阶段(Ⅱ)、强弱振过渡阶段(Ⅲ)、弱振阶段(Ⅳ)、弱振延时阶段(Ⅴ)、弱停振过渡阶段(Ⅵ)以及批次间准备阶段(Ⅶ)7 个阶段。其中,延时阶段是指系统发出频率切换指令到执行机构真正执行该切换指令的延时过程;过渡阶段是指振动给料机振动频率切换过程。合金称量过程如图 5-16 所示,其参数如表 5-1 所示。

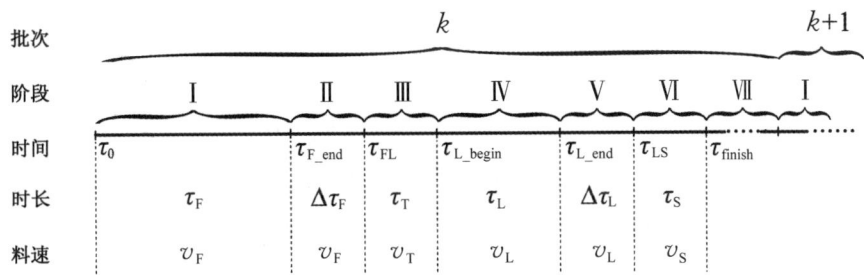

图 5-16 合金称量过程

表 5-1 参数表

| 参数 | 物理意义 | 参数 | 物理意义 |
| --- | --- | --- | --- |
| $\tau_0$ | 批次的开始时间 | $\tau_F$、$\Delta\tau_F$、$\tau_T$ | Ⅰ、Ⅱ、Ⅲ 持续时间 |
| $\tau_{F\_end}$ | Ⅰ 结束时间 | $\tau_L$、$\Delta\tau_L$、$\tau_S$ | Ⅳ、Ⅴ、Ⅵ 持续时间 |
| $\tau_{FL}$ | Ⅲ 开始时间 | $v_F$ | Ⅰ、Ⅱ 料速 |
| $\tau_{L\_begin}$、$\tau_{L\_end}$ | Ⅳ 开始和结束时间 | $v_T$、$v_S$ | Ⅲ、Ⅳ 料速 |
| $\tau_{LS}$、$\tau_{finish}$ | Ⅵ 开始和结束时间 | $v_L$ | Ⅴ、Ⅵ 料速 |

按照时间关系对整个称量过程建立分段模型,强振阶段模型如式(5-1)所示,其描述的是强振阶段实际称重值与称量控制时间的关系。

$$m_R(\tau,k)=\overline{v}_F(\tau,k)\cdot\tau \tag{5-1}$$
$$\tau=0,\Delta\tau,2\Delta\tau,\cdots,\tau_{F\_end};k=0,1,2,\cdots$$

弱振阶段模型如式(5-2)所示,其描述的是弱振阶段实际称重值与称量控制时间之间的关系。此时,强振阶段、强振延时阶段和强弱振过渡阶段均已完成。

$$m_R(\tau,k)=\overline{v}_F(\tau,k)\cdot(\tau_{F\_end}+\Delta\tau_F)+\overline{v}_T(\tau,k)\cdot\tau_T+\overline{v}_L(\tau,k)\cdot(\tau-\tau_{L\_begin}) \tag{5-2}$$
$$\tau=\tau_{L\_begin},\tau_{L\_begin}+\Delta\tau,\cdots,\tau_{L\_end};k=0,1,2,\cdots$$

停振模型如式(5-3)所示,其描述的是振动给料机停振后,一次称量过程实际称量值终值与强振阶段和弱振阶段称量控制时间之间的关系。

$$m_R(\tau,k)=\bar{v}_F(\tau,k) \cdot (t_{F\_end}+\Delta\tau_F)+\bar{v}_T(\tau,k) \cdot \tau_T+\bar{v}_L(\tau,k) \cdot (\tau_{L\_end}-\tau_{L\_begin})+$$
$$\bar{v}_L(\tau,k) \cdot \Delta\tau_L+\bar{v}_S(\tau,k) \cdot \tau_S \quad (5-3)$$
$$\tau_{L\_end} < \tau < \tau_{final}; k=0,1,2,\cdots$$

式(5-1)、式(5-2)和式(5-3)中:$\tau$ 为当前批次称量控制时间;$\Delta\tau$ 为采样周期;$k$ 为合金称量过程的批次;$m_R(\tau,k)$ 为第 $k$ 次称量过程 $\tau$ 时刻实际称重值;$\bar{v}_F(\tau,k)$、$\bar{v}_T(\tau,k)$、$\bar{v}_L(\tau,k)$、$\bar{v}_S(\tau,k)$ 分别为第 $k$ 次称量过程从起始时间到 $\tau$ 时刻的强振时平均料流速度、强振到弱振过渡时平均料流速度、弱振时平均料流速度以及弱振到停振过渡时平均料流速度。其中,

$$\tau_{L\_begin}=\tau_{F\_end}+\Delta\tau_F+\tau_T \quad (5-4)$$

由于弱振阶段结束之后,属于不可控阶段,所以将弱振阶段之后的所有过程统一为一个溜料量,以 $\Delta m(\tau,k)$ 表示,$\Delta m(\tau,k)$ 为 $k$ 次加料过程停振溜料量,令

$$\Delta m(\tau,k)=\bar{v}_L(\tau,k) \cdot \Delta\tau_L+\bar{v}_S(\tau,k) \cdot \tau_S \quad (5-5)$$

于是可以将停振式(5-3)转换为式(5-6)。

$$m_R(\tau,k)=\bar{v}_F(\tau,k) \cdot (\tau_{F\_end}+\Delta\tau_F)+\bar{v}_T(\tau,k) \cdot \tau_T+$$
$$\bar{v}_L(\tau,k) \cdot (\tau_{L\_end}-\tau_{L\_begin})+\Delta m(\tau,k) \quad (5-6)$$
$$\tau_{L\_end} < \tau < \tau_{final}; k=0,1,2,\cdots$$

对于式(5-1)和式(5-2),输入为 $\tau$,输出为 $m_R(\tau,k)$,其余为参数。对于式(5-6),输入是强振阶段和弱振阶段控制时间的组合 $\tau_{F\_end}$ 和 $\tau_{L\_end}$,输出是 $m_R(\tau,k)$,其余为参数。

合金称量过程控制系统结构框图如图 5-17 所示,控制系统结构主要包括基于二维模型控制器设计和控制器参数自校正两个部分。

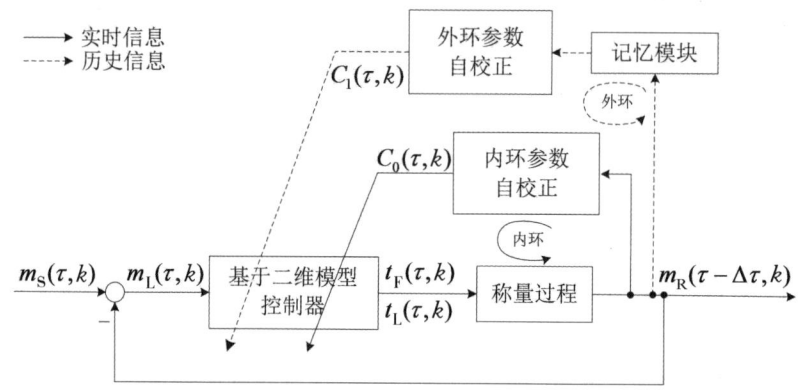

图 5-17 合金称量过程控制系统结构框图

首先,基于称重模型结构设计控制器,通过模型反推计算和优化确定控制量剩余强振时间和剩余弱振时间,实现合金称量过程高精度控制;其次,通过双环结构自校正控制器参数,内环自校正实现当次称量过程每个采样周期信息的利用,外环自校正实现不同批次称量过程信息的利用,通过双环辨识与估计可以准确地更新称重过程参数变化,使控制器实时准确

控制称量过程。

控制器的输入为设定值与当前实际称重的差,即剩余重量。在强振阶段,控制器输出为剩余强振时间和剩余弱振时间,在弱振阶段控制器输出为剩余弱振时间。

控制器参数自校正主要分为内环辨识和外环估计两个方面,以解决因称量过程存在参数频繁波动引起的称量精度不高、鲁棒性差等问题。系统有些参数能够在内环实时自校正;有些参数在内外中不敏感或者无法辨识,则在外环进行自校正。$C_0(\tau,k)$表示内环第$k$次称量过程$\tau$时刻自校正得到的控制器参数,包括$v_F(\tau,k)$、$v_L(\tau,k)$、$\tilde{\tau}_T$、$\tilde{v}_T(\tau,k)$、强振阶段对停振溜料的估计值$\Delta\tilde{m}(\tau,k)$。$C_1(\tau,k)$为根据历史数据和实时数据自校正得到的当次称量过程控制器参数,包括$\tilde{v}_L(\tau,k)$、弱振阶段对停振溜料量的估计值$\Delta\tilde{m}(\tau,k)$和$\Delta\tau_F$。控制器输出为$t_F(\tau,k)$和$t_L(\tau,k)$,表示第$k$次称量过程$\tau$时刻还需执行的强振时间和弱振时间。首先,估计弱振时间,以$\tilde{t}_L(\tau,k)$表示强振阶段对弱振时间的估计;其次,在此基础上计算剩余强振时间$t_F(\tau,k)$,从而实现合金称量过程动态控制。

强振阶段需要对弱振时间进行估计。弱振时间的选择应考虑强振速度的波动情况。强振速度波动大,则弱振时间设定长些,用以补偿强振的误差;强振速度波动小,则弱振时间设定短些,以提高称量效率。所以强振阶段弱振时间$\tilde{t}_L(\tau,k)$计算如下。

$$\tilde{t}_L(\tau,k)=\mu \cdot \sigma[v_F(\tau,k)]+\tau_{L0} \tag{5-7}$$

式中:$\sigma[v_F(\tau,k)]$为强振速度的标准差,用以衡量强振速度的波动情况;$\mu$为一个常量系数;$\tau_{L0}$为一个常量,当强振速度恒定时,即$\sigma[v_F(\tau,k)]=0$,$\tau_{L0}$用以保证弱振阶段的存在。除此之外,最小二乘法也是参数识别的方法,具体过程可以参考文献。

某钢铁公司原有控制方法为固定阈值控制,依赖人工经验手动设置控制参数,且设定完成后,一次称重过程不会更改,即原有控制方法是采用固定强振时间和弱振时间的方式来控制称量过程。

将本节所提控制算法应用于LF,并统计控制算法应用前后LF长期称量精度。LF原系统称量精度如图5-18所示,图中"$x$♯"表示各精炼炉常用料仓号。LF新系统称量精度如图5-19所示。

图5-18表明,原有加料系统各精炼炉称量精度低,其中LF的称量偏差主要为[-15,20] kg。且从图中可以看出,称量偏差离散程度大,这表明各精炼炉称量偏差波动大,称量精度不稳定,原因是原有系统无法针对称量过程动态变化进行动态调整,该控制结果明显不符合生产要求,严重影响了钢水的质量,浪费了生产成本。

图5-19表明,在精炼炉合金称量过程应用本节所提控制算法后,极大地提高了LF各料仓的称量精度,精度绝大部分都能稳定在[-3,+3] kg之内,少数精度为4~5 kg,但是通过几次自学习后,最终还是能控制在[-3,+3] kg以内。由此可见本节所提控制方法能够动态控制称量过程,控制精度高且稳定性好。

综上所述,该控制方式的控制精度较高,跟踪应变性能较强,不会造成工艺间的失调。

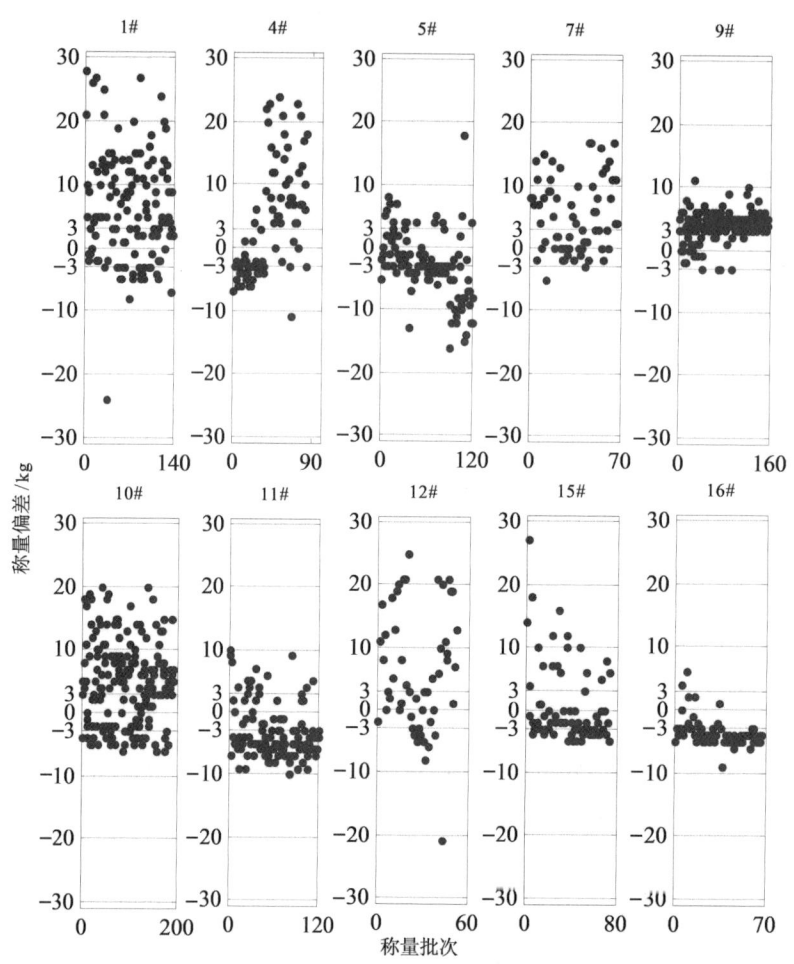

图 5-18 LF 原系统称量精度

## 第四节 结晶器液位控制系统

结晶器液位控制系统是现代连铸机中的关键组成部分之一。在炼钢过程中，尤其是薄板坯连铸机中，结晶器液位的稳定性直接关系到铸坯质量与连铸过程的稳定运行。然而，导致液位波动的因素极其复杂，包括工艺条件变化、系统的时变性、非线性特性以及多种随机干扰，使实现液位的精准控制面临极大挑战。本节将以薄板坯连铸机为例，系统分析其液位控制难点，设计适应性强、鲁棒性高的控制方案，以实现结晶器液位的稳定与优化控制。

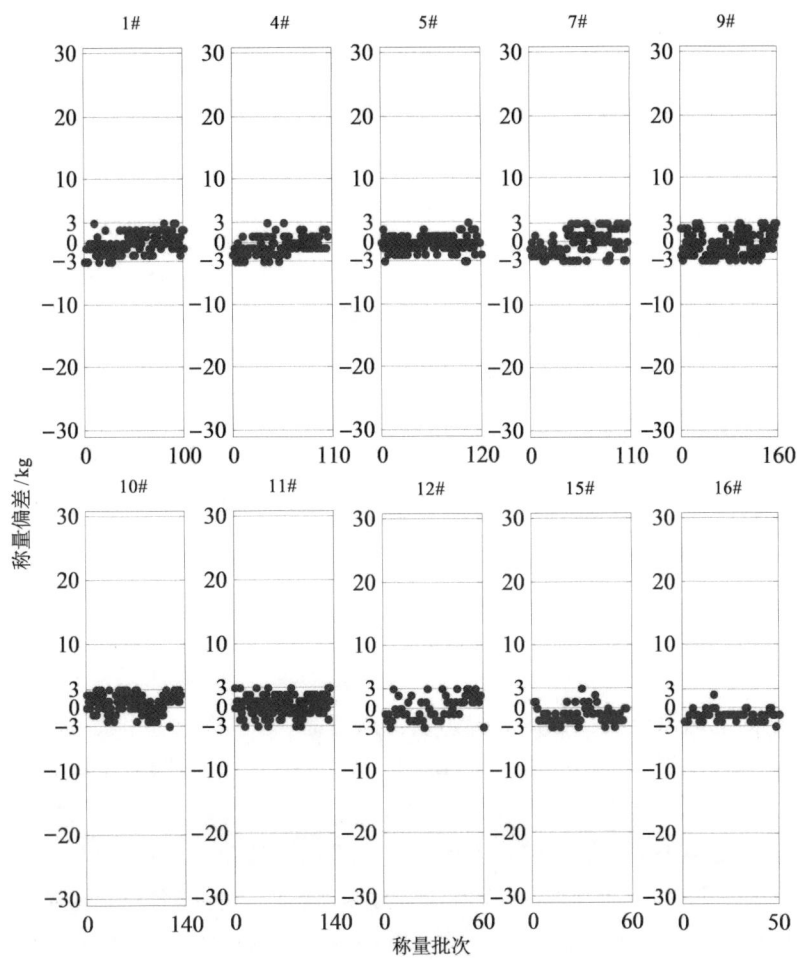

图 5-19 LF 新系统称量精度

## 一、结晶液位控制过程的工艺要求

薄板坯连铸技术是当今最主流的钢板坯生产方式,也称为紧凑式热带生产技术(compact strip production,CSP)。它将装有精炼好钢水的钢包运至回转台上方,并将钢水注入中间包,中间包再由下方的水口将钢水注入结晶器中,液体钢水在结晶器外冷却水的作用下,迅速从外向内凝固结晶形成铸件,拉矫装置与结晶振动装置共同作用将结晶器内带液芯的铸件拉出,经冷却、电磁搅拌后,切割成一定长度的铸坯。不同类型的钢坯对应的钢水成分、结晶速度、拉矫装置拉速等均不尽相同。

结晶器的液位主要通过控制塞棒控制流入结晶器中钢液的流量。由于塞棒一直浸在1500℃以上的高温钢水中,塞棒被逐渐熔蚀,因而使液位系统具有强时变特性。钢水中存在杂质,特别是$Al_2O_3$具有较强黏性,容易黏附在塞棒头或水口周围,改变塞棒的流量特性,使液位系统具有强非线性特征。塞棒位置提高以保持结晶器液位,严重时形成瘤状,称为"结瘤",阻塞水口。当"结瘤"突然剥落时,塞棒来不及调整,通过水口注入结晶器的钢液流量突增,结晶器的钢水液位迅速上涨或大幅波动,严重时导致溢钢生产事故的发生。

由于结晶器钢水弯月面离结晶器顶边距离通常较小(一般在80mm左右),液位控制稍有不慎,特别是塞棒断头、水口阻塞/解阻塞等异常工况下,很容易导致钢水漫出结晶器而发生溢钢生产事故。

由上可见,引起结晶器液位波动的原因极其复杂,工艺变化、系统的时变性、非线性以及存在的各种干扰,给获得稳定的结晶器液位带来了困难。结晶器液位控制系统从功能上可划分为伺服电机驱动的塞棒执行机构、液位检测装置和电动缸三部分。

### 1. 执行机构

结晶器的执行机构主要为塞棒。塞棒执行机构固定在中间包上,支撑塞棒及电动缸。自动状态下电动缸带动执行机构的主轴及塞棒上下运动,调整水口的开度,调整钢水流入结晶器的流量,实现液位控制。电动缸关闭状态由执行机构上的手动杠杆控制主轴及塞棒上下运动。

### 2. 液位检测装置

检测传感器为电磁涡流型。检测装置由涡流式传感器、检测仪器和专用电缆组成。检测仪器部分又包括正反馈(positive feedback,PF)放大器、信号处理器、报警电路及一些辅助电路。

涡流式传感器安装于结晶器内钢水液面之上。当钢水液位下降(上升),传感器与钢水液面之间的距离增大(减小),传感器的输出信号减少(增加)。由于传感器在高温环境中使用,为了保证它正常工作,将传感器装入由高温陶瓷制作的隔热罩中,同时用压缩空气冷却,保证传感器的工作温度始终在70℃以下。该温度由信号处理器面板上的表头指示,当传感器过热时,报警装置会发出声光报警。

### 3. 电动缸

电动缸采用步进电机驱动,与结晶器液位测量装置形成闭环回路,驱动塞棒,实现液位控制。数字电动缸采用免维护型设计,日常使用时无需对机械系统添加任何润滑剂;功率电气插头可以带电插拔,不会造成损坏。数字电动缸接收数字信号工作,避免了模拟信号传输中造成的干扰,且在长期使用中不用对参数进行调整或修改。电动缸最小移动量为0.005mm;输出推力达到5000N(可以调节)。电动缸电信号由快速插头与控制系统连接,在断电情况下活塞杆能灵活伸缩,实现自动、手动灵活切换。低惯性,能过载保护。

## 二、结晶器液位传统控制系统设计

结晶器液位控制是连铸生产过程重要的控制对象。液位过高,高温钢水会从回转台表面溢出外流,造成人员伤亡和设备损毁;液位过低,会造成拉矫装置将板坯拉断,高温钢水从结晶器底部漏出,导致重大事故。此外,液位波动过大,铸坯皮下夹渣(影响产品质量的重要指标)程度大幅增大,铸坯表面纵裂的发生率将会大幅上升。因此结晶器液位控制是影响产品质量和生产安全的重要因素。

### 1. 控制变量的选择

选择液位作为本系统的控制变量,一般来说铸机处在正常稳定的控制状态时,液面控制精度误差小于 10mm,液位设定值范围为 60~120mm。

生产中影响连铸机结晶器液位的因素包括流入结晶器的钢水流量和拉坯速度,它们均会改变结晶器的钢水流量平衡。拉坯速度虽然可以调节液位,但它既影响产品质量又涉及产品生产负荷,不适宜作为操作变量,而结晶器钢水的流入量是可控的,对液位影响最大,构成的控制通道的时间常数和纯滞后时间较小,工艺上和经济上均较为合理,因此通常采用流入结晶器的钢水流量作为操作变量。

目前采用较多的调整钢水流入量的方式主要有两种,一种是控制滑动水口的开度,另一种是调节塞棒和浸入式水口之间的间隙。本节案例采用调节塞棒高度改变流量实现液位稳定。由于通过调整结晶器注入钢水的流量来调整液位,因此被控过程是正作用方向。

### 2. 检测变送装置的选取

液位检测装置是液位控制系统中的测量回路,其检测精度的高低直接影响控制系统的稳态控制精度。在连铸过程中,运输至结晶器的钢水温度可高达 1500℃,不适宜接触式液位检测装置,因此常采用非接触形式的射线型液位检测设备检测结晶器钢水液位。射线型液位检测设备根据不同物料对同位素射线吸收程度不同的原理,通过将 $\gamma$ 射线穿透钢水后的剩余量转换为电量从而测出钢水液位高度。将该射线型液位检测设备安装在结晶器上方,液位越高,测量值越小,因此该检测变送装置为反作用方向。

此外,液位检测系统在检测与转换过程中受瞬间干扰因素对测量值的影响以及射线测量本身具有的非线性,导致测量结果会产生一定的波动,因此通常需要对测量结果进行滤波或平均化等预处理,最后将处理结果作为实际测量值输送至控制器。

### 3. 执行器结构形式及正反特性分析

将塞棒作为调节结构,通过上下移动改变塞棒和水口之间的间隙,从而调节流入结晶器钢水流量。塞棒的运动控制要求动作灵敏、精度高、信号传输快,为了高精度快速驱动塞棒运动,选用伺服电机和数字电动缸作为执行机构。数字电动缸具有低惯性、有过载保护等特点,其位移控制精度达 0.1mm 以下。

自动状态下,控制器依据控制规律输出控制指令给伺服电机,伺服电机驱动精密丝杠实现数字电动缸上下运动,从而带动与数字电动缸固定在一起的塞棒上下移动。为了在断电的时候保证安全,应使塞棒运行至最下端关闭水口,将钢水停留在中间包内。设置控制器输出增加(控制量加大)时,伺服电机带动塞棒向上移动,从而操纵量(水口中流过的钢水流量)也将增大,因此执行机构表现出正作用特性。

### 4. 结晶器液位过程建模及特性分析

为了实现结晶器钢水液位有效控制,需要建立结晶器钢水液位控制模型,分析被控对象特性。根据工艺分析和机理建模方法,得到结晶器液位满足

$$\frac{dV}{dt} = Q_{in} - Q_{out} \tag{5-8}$$

式中:$V$ 为结晶器中的钢水体积,$m^3$;$Q_{in}$ 为流入结晶器的钢水流量 $m^3/h$;$Q_{out}$ 为流出结晶器的钢水流量,$m^3/h$。

结晶器中钢水体积 $V = M(y) \times y$,其中 $M(y) = \int_0^y A(x)dx$,$A(x)$ 为液位为 $x$ 时结晶器的横截面积,因此式(5-8)可以转化为

$$\frac{dy}{dt} = \frac{1}{M(y)}(Q_{in} - Q_{out}) \tag{5-9}$$

$Q_{out}$ 可由出口钢坯的拉速 $V_r$ 和出口钢坯的截面积 $S$ 得到,即

$$Q_{out} = V_r \times S \tag{5-10}$$

$Q_{in}$ 可由中间包液位高度 $h$、入口钢水的流速 $V_{in}(h)$、塞棒的高度 $u$ 和水口环面积 $g(u)$ 得到:

$$Q_{in} = V_{in}(h) \times g(u) \tag{5-11}$$

由公式(5-8)~式(5-11)可得钢水液位系统的输入输出模型,即

$$\frac{dy}{dt} = \frac{1}{M(y)}[V_{in}(h) \times g(u) - V_r \times S] \tag{5-12}$$

该模型的输入是塞棒高度,输出是钢水液位。一般情况下式中 $S$ 不变,如果结晶器横截面积恒定或变化较小、钢坯拉速变化不大、水口环面积与塞棒高度近似正比、中间包截面积足够大以抑制液位波动,公式(5-12)可以简化为一个一阶惯性模型,具体参数可以采用参数辨识的方法获得。在工程设计时要考虑这几个因素对控制系统性能的影响,一方面可以通过工艺机械结构设计使其满足要求,另一方面可以通过闭环反馈在一定程度上抵消不确定因素的干扰,提升系统鲁棒性和稳定性。

### 5. 结晶器液位 PID 控制结构设计与控制器选择

结晶器液位控制的目标是通过调整塞棒位置控制液位高度保持在给定值附近。因此为了满足控制要求,构造一个单回路的负反馈控制系统,CPS 液位系统控制结构框图如图 5-20 所示。

由前述分析可知,被控对象是正作用方向,检测变送装置是反作用方向,塞棒执行机构为正作用方向。因此,为了构成负反馈系统,控制器应为正作用方向,即液位测量值增大时(实际液位降低),控制器输出增大,执行机构推动塞棒上升,加大水口流量,从而结晶槽液位

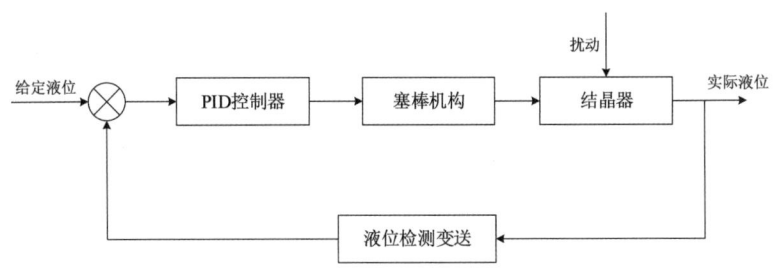

图 5-20　CPS 液位系统控制结构框图

上升,达到负反馈实现液位稳定的作用。

由于结晶器液位控制既要求控制相应速度快,又要求控制精度高没有稳态误差,还要求系统振荡较小,而且一般情况下中间包体积较大,钢水流动和液位控制过程具有较大的惯性,因此控制器应选择 PID 控制规律。该系统的 PID 参数整定可以在调试阶段采用衰减振荡法或经验法进行。

近些年,自整定 PID 控制、自适应控制、模糊控制、自学习控制等先进控制结构和算法也被应用在一些高精度连铸过程的液位控制中,在解决结晶器横截面积不恒定、钢坯拉速变化频繁、塞棒结垢脱落、中间包液位变化大等因素导致的液位波动问题方面,取得了很好的应用效果。

## 三、结晶器液位智能控制系统设计

在结晶器液位控制系统中,PID 控制和模糊控制是两种重要的控制方式。PID 控制在常规系统控制中表现出色,其算法简单、可靠性高,能有效消除系统稳态误差,但在结晶器液位控制系统实际运行中也存在明显不足。如塞棒在高温钢水中逐渐熔蚀,导致液位系统具有强时变特性;钢水中的杂质容易黏附在塞棒头或水口周围,使液位系统呈现强非线性特征。这些复杂特性使结晶器液位控制成为一个大滞后、时变且非线性的复杂系统。在这种情况下,PID 控制难以适应系统的快速变化,无法精准地根据液位变化实时调整控制策略,导致控制效果不理想,无法满足高精度液位控制的要求。而模糊控制不依赖对象的精确数学模型,能够凭借模糊规则和经验对复杂系统进行有效控制,适应能力强。但是模糊控制的稳态精度较差,单独使用时难以确保结晶器液位稳定在精确的设定值附近。考虑到结晶器液位控制场景下常规控制手段的局限性,以及复杂工况对控制精度和稳定性的严格要求,有研究将模糊控制与 PID 控制相结合,构建模糊 PID 控制器应用于结晶器液位控制系统。

模糊 PID 控制器结合了模糊控制和 PID 控制的优势,既能够利用模糊控制灵活的特点,快速响应结晶器液位的复杂变化,适应系统的时变和非线性特性,又具备 PID 控制精度高的特点,能在液位接近设定值时,精确调节液位,减少稳态误差。通过这种方式,模糊 PID 控制器能够在结晶器液位控制的不同阶段发挥各自优势,对各种复杂工况下的液位进行精准控制,从而满足不同的控制指标,确保连铸生产过程的安全与稳定,提高铸坯质量。

结晶器液位模糊 PID 控制器基本结构如图 5-21 所示,采用二输入、三输出的控制结构。模糊控制器的输入为偏差 $e$ 及偏差变化率 $ec$,模糊控制器输出为 PID 控制的 3 个参数,即比例系数 $K_P$、积分系数 $K_I$、微分系数 $K_D$。

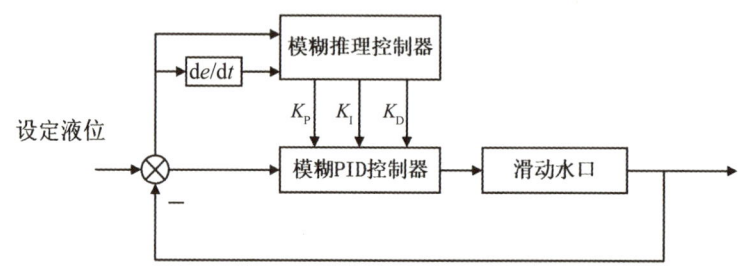

图 5-21 液位模糊 PID 控制器基本结构

偏差 $e$ 用于衡量结晶器液位实际值与设定值之间的差异,该范围的确定是综合考虑系统运行中可能出现的液位波动情况,旨在涵盖各种可能的偏差程度,为后续的控制策略调整提供有效的数据基础。

偏差变化率 $ec$ 反映了液位偏差随时间的变化速度,通过对其变化范围的合理界定,能够更精准地把握液位变化趋势,以便及时、准确地调整控制参数,维持液位稳定。

比例系数 $K_P$ 在控制算法中对系统响应速度起着关键作用,该论域范围的选择有助于根据不同的液位偏差情况,灵活调整比例控制的强度,实现对液位的有效调节。

积分系数 $K_I$ 主要用于消除系统的稳态误差,合理设定这一论域能够确保在不同工况下,积分控制作用都能发挥恰当效果,提升系统控制精度。

微分系数 $K_D$ 能够根据液位偏差的变化趋势提前进行控制,该论域范围的确定使得微分控制能够在液位波动时及时响应,增强系统的稳定性和动态性能。

模糊规则的选定原则主要根据以往生产实践和工况分析结果确定:跟踪偏差 $e$ 较大时,取较大的 $K_P$,加快系统的响应速度,同时为了防止系统出现较大的超调,取较小的 $K_I$ 以减弱积分作用;偏差 $e$ 在中等大小时,为了使系统响应的超调量减小和保证一定的响应速度,取较小的 $K_I$,并且 $K_P$ 和 $K_D$ 的数值大小要适中;偏差 $e$ 较小时,增大 $K_I$ 使系统具有良好的稳态性能,同时当偏差变化率 $ec$ 较大时,取较大的 $K_D$,当偏差变化率较小时,取较小的 $K_D$。

模糊 PID 控制器能够在结晶器液位智能控制系统中,根据液位偏差及其变化率的实时情况,灵活且精准地调整 PID 控制参数。这使得系统在面对结晶器液位控制过程中的强时变、非线性等复杂特性时,依然能够实现高效稳定的控制。与传统控制方式相比,模糊 PID 控制器可以提升液位控制精度,减少液位波动,降低溢钢、铸坯质量缺陷等生产事故的发生概率。

# 思考题

(1)与电炉炼钢相比,转炉炼钢在高效能和环保方面的优势有哪些?在实际操作中如何根据钢种和生产要求选择适合的炼钢方法?

(2)在炼钢过程中,如何通过精确控制碳含量、氧含量等因素,确保钢液的质量符合预定要求?有哪些控制方法可以实现这一目标?

(3)炉内反应时滞和多变量耦合问题如何影响炼钢终点控制?如何通过自适应控制方法克服这些问题?

(4)在合金加料的过程中,如何解决反应时滞问题,确保实时监控系统能够在最短时间内反馈给控制系统?

(5)精炼炉合金加料系统中如何结合传统控制方法和先进的智能控制技术(如神经网络、遗传算法)优化合金加入过程?

(6)如何利用智能化控制算法(如机器学习)实现结晶器液位控制系统的自适应调节,以应对不同工况下的挑战?

# 主要参考文献

李擎,杨思琪,陈松路,等,2025.基于自适应数据增强的转炉炼钢终点碳温预测方法[J].冶金自动化,49(2):64-74.

孟晓亮,罗森,周业连,等,2023.板坯连铸结晶器液位瞬时异常波动的时频特性[J].冶金自动化,47(6):64-71.

孙丽华,齐渌天,吕立华,等,2024.基于扰动补偿的结晶器液位模糊控制算法[J].冶金自动化,48(6):66-74.

孙锐,曹剑钊,钟良才,等,2024.多任务并行架构的转炉炼钢过程控制系统[J].冶金自动化,48(1):65-72+105.

阳青锋,赖旭芝,杜胜,等,2024.基于粒度聚类的转炉炼钢氧气消耗量预测[J].自动化学报,50(1):132-142.

俞胜平,柴天佑,2016.炼钢-连铸生产启发式调度方法[J].控制理论与应用,33(11):1413-1421.

KRAJEWSKI W, MIANI S, MORASSUTTI A, et al., 2011. Switching policies for mold level control in continuous casting plants[J]. IEEE Transactions on Control Systems Technology,19(6):1493-1503.

LEE S, TAMA B, CHOI C, et al., 2020. Spatial and sequential deep learning approach for predicting temperature distribution in a steel-Making continuous casting process[J], IEEE Access,8:21953-21965.

NIU S, SONG S, CHIONG R, 2022. A distributionally robust scheduling approach for uncertain steelmaking and continuous casting processes[J]. IEEE Transactions on Systems, Man, and Cybernetics: Systems,52(6):3900-3914.

SUN L, 2022. An efficient and effective approach for the scheduling of steelmaking-continuous casting process with multi different refining routes[J]. IEEE Robotics and

Automation Letters,7(4):10454-10461.

YU S,CHAI T,TANG Y,2016. An effective heuristic rescheduling method for steelmaking and continuous casting production process with multirefining modes[J]. IEEE Transactions on Systems,Man,and Cybernetics:Systems,46(12):1675-1688.

# 第六章 冷轧过程典型自动控制系统及其应用

轧制工艺是钢铁生产的重要环节,主要包括热轧与冷轧两个阶段。热轧通常用于将钢坯加工成初步形状的板带,其工艺温度高、变形量大、效率高,适用于大规模初加工;而冷轧则是在热轧基础上进行的进一步精整加工,其工艺温度低,具有更高的尺寸精度和更优的表面质量。冷轧板带通常厚 0.1~3 mm,宽 0.1~2 m,具有规格多样、尺寸精度高、表面质量优良等特点,在实际生产中属于高附加值钢材,多用于对性能和外观要求较高的领域,如汽车、家电、电子、机械制造和食品包装等。

虽然热轧在整个轧制过程中也占有重要地位,但冷轧对板形、厚度、张力等控制的要求更为严格,控制系统更复杂、更具代表性,具有更高的研究价值和工程挑战。因此,本章以冷轧过程为研究对象,分析其典型控制系统及相关方法,包括冷轧过程工艺与机理、冷轧板带张力控制系统、冷轧板带板形预测方法以及冷轧板带板厚控制系统。

## 第一节 冷轧生产过程工艺

冷轧板带产品以热轧板带为原料。因热轧板带表面的氧化铁皮会影响轧制效果,所以在冷轧前需要通过酸洗工序将氧化铁皮除去。为了解决板带在加工过程中的硬化问题,必须通过中间退火工序使板带软化。在退火前,必须彻底清洗表面的润滑油,以防产生油斑,影响表面质量。脱脂后的板带在保护气氛中进行退火,表面保持光亮,因此后续轧制和平整无需再酸洗。为确保最终尺寸精度与表面质量,成品板带需经过平整处理。根据交货要求,板带可进行横切(成张)或纵切(成卷)。综上所述,一般用途的冷轧板带的生产工序包括酸洗、冷轧、退火、平整、剪切、检查缺陷、分类分级以及包装,其工艺流程图如图 6-1 所示。

1. 板带酸洗工序

酸洗是冷轧前的重要准备工序,主要用于去除热轧钢带表面的氧化铁皮(以氧化铁为主),以获得清洁、光滑的金属表面。热轧板带的生产温度较高,一般可以达到 800~900 ℃,极易导致板带表面生成氧化铁皮,其厚度可达几十微米。这些氧化铁皮附着牢固且质地坚硬,若不去除,会导致后续轧制中出现表面压痕、轧辊损伤及表面质量不良等问题。因此,在进行冷轧前必须通过酸洗工序去除板带表面氧化层。现代酸洗线采用连续酸洗工艺,常用

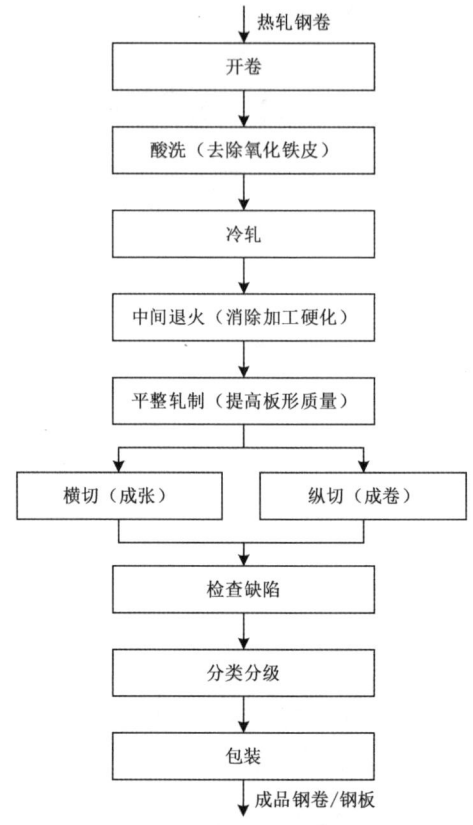

图 6-1 冷轧板带工艺流程

盐酸或硫酸作为介质,工序包括开卷、焊接、活套、预清洗、酸洗、水洗、干燥和卷取。酸洗槽分段控温控浓,每段控制酸液浓度、温度与铁盐含量,以确保均匀有效去垢,并通过喷淋、鼓泡等方式强化反应。水洗段高压冲洗残酸,避免后续腐蚀和污染。

在酸洗过程中,必须严格控制酸液浓度、游离酸度、铁盐含量、温度、停留时间和线速度,以避免因过度酸洗导致钢带基体腐蚀、边缘过蚀或产生针孔缺陷。为此,实际酸洗过程一般配备酸液浓度自动控制系统与温度自动控制系统。前者用于实时监测酸槽中游离酸浓度与铁盐含量,自动调节补酸与排液量,以维持酸液的活性和清洗能力;后者通过温度传感器和加热控制装置,确保酸液始终处于 60~80℃ 的最佳反应温区,避免因温度波动导致酸洗速率异常或钢带腐蚀。这两个系统共同作用可显著提升酸洗均匀性与过程稳定性,防止质量缺陷的产生。

2. 冷连轧机组

冷连轧机组是冷轧生产的核心设备,主要将酸洗后的热轧板带通过多道次连续轧制,达到所需的厚度和机械性能。传统的五机架冷连轧机组采用多机架串列设计,通常由 5 架四辊可逆轧机构成,具有结构紧凑、精度高、适应性强等优点(图 6-2)。在轧制过程中,板带首先经过开卷机和矫直辊,矫直后的板带进入轧机,并逐架穿入机架,逐步建立起机架间的张力,直到带头进入卷取机。整个过程需要逐渐加速至设定轧制速度,通常为 20~35m/s,进入稳定轧制阶段。

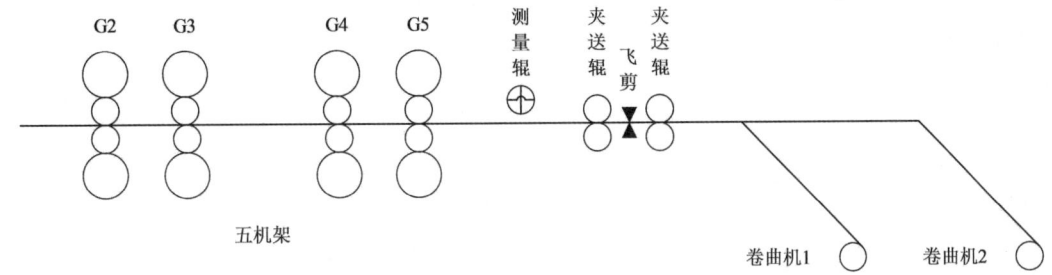

图 6-2　连续式冷连轧机

稳定轧制阶段占整个轧制时间的 95% 以上,是确保产品质量的关键。在此阶段,厚度自动控制、张力控制系统以及板形控制系统共同工作,确保板带具有均匀的厚度、平整的板形以及稳定的张力分布。稳定轧制结束时,轧机自动减速,使带尾以较低速度平稳通过各机架,避免带尾跳动或轧辊损伤。最终,带尾进入卷取机,系统完成自动停车,卷取机卷筒收缩,卸卷小车上升并将钢卷运送至输出步进梁,完成整个轧制过程。

轧制过程由于存在穿带-加速和减速-通尾两个过渡阶段,容易引起机架间张力大幅波动,导致厚度控制不稳定和板形缺陷,使得加速段和减速段的产品质量显著劣于稳定轧制段。厚度误差往往是稳定段的两倍以上,从而对整体产量与质量产生不利影响。为克服上述问题,现代冷连轧机组普遍采用全连续无头轧制。这种工艺通过在轧机组入口和出口设置辅助设备,实现多个钢卷的无缝对接与连续轧制,从而彻底消除穿带和通尾过程,提高产能和产品一致性。典型的配置包括两套开卷机(保证连续供料)、夹送辊、矫直辊、剪切机与对焊机、张力辊、入口活套装置等。这些设备的布局和功能与酸洗线入口段的设计非常相似,但更加复杂。

此外,为适应连续轧制过程中的板带动态变规格需求,现代机组还配备了自动快速换辊装置、动态压下控制系统以及轧辊热膨胀补偿系统等。冷连轧通常采用大张力轧制方式,在保证压下率的前提下,有助于提高厚度精度和板形控制效果。同时,工艺润滑在整个过程中起到至关重要的作用,必须通过喷雾或乳化液系统确保轧制区具有稳定且较低的摩擦系数,以降低轧制力、减少轧辊磨损并提升表面质量。综上所述,冷连轧机组通过连续化、高速化与自动化的集成,实现了高质量板带的大批量、高效率生产,是现代冷轧工艺的核心环节。

### 3. 退火工序

在冷连轧过程中,金属材料经过塑性变形后会产生显著的加工硬化效应,导致板带强度升高而塑性下降,进而影响后续工艺及最终产品的使用性能。为了恢复材料的塑性、降低其强度、改善组织结构,并满足最终产品对力学性能的要求,通常会在冷轧后加入中间退火工序。退火不仅能够消除加工硬化,还能提高成品的表面质量和平整度,确保冷轧产品能够达到严格的性能标准,尤其是在板带需要进一步加工时,退火成为关键的调节手段。

根据不同的退火方式,中间退火主要分为罩式退火和连续退火两种。罩式退火是一种将板带整体放入密闭罩式炉中,利用保护气氛进行加热、保温和冷却的间歇式处理方法。该工艺灵活性较强,设备投资较低,适用于多品种、小批量的生产,因此在许多普通冷轧生产线上得到了广泛应用。而连续退火则采用在线方式进行处理,适合高附加值、高表面质量要求的冷轧产品,具有高效、稳定的一致性,可以大幅提升生产效率,广泛应用于家电、汽车等行业的冷轧成品生产。

连续退火线一般由入口段、工艺段和出口段组成,工艺段是整个流程的核心区域。入口段主要负责实现板带的连续供料及预处理,通常配备有开卷机、焊接机、夹送辊等设备,工艺段则包括电解清洗装置、退火炉、快速冷却系统、平整机组以及涂油装置等。在这部分中,退火炉根据不同的产线要求可选用立式(竖炉)或水平式(卧炉)结构,以实现对不同热处理曲线的控制,确保退火过程能够适应不同长度和节奏的板带。出口段则完成板带的卷取、剪切和码垛等操作,确保退火后的板带顺利进入下游流程。

退火炉温度控制系统在这一过程中扮演着关键角色。该系统主要负责精确调节炉内温度,通过智能化的控制方式,确保板带在退火过程中能够保持稳定的温度变化曲线,以便材料在退火时能够恢复适当的塑性,优化其组织结构,并保证最终成品具有良好的力学性能和表面质量。在现代连续退火工艺中,温度控制系统的高精度、高响应性对于保证产品的一致性和稳定性至关重要。

4. 板带平整

为提高冷轧板带的表面质量、改善板形并提升力学性能,冷轧生产的后段通常设置平整工序。平整不仅是精整线中的关键环节,同时对最终产品的外观和服役性能起决定性作用,尤其适用于对平直度和平滑度要求较高的板带产品,如家电用钢和汽车外板等。平整工序的主要目标是通过去除因加工过程产生的板形缺陷,如波浪、翘曲和镰刀弯等,确保板带在后续加工中的高性能和稳定性。

平整设备主要采用四辊平整机组,其典型结构由两上两下共 4 个工作辊组成,能够对板带施加均匀而可控的压力。在操作过程中,通过调整压下量、张力大小和工作辊间隙分布来实现对板形的精确控制。平整工艺本质上是一种轻度再轧制过程,压下量通常为 1% ~ 5%。通过对板带表面进行微量塑性变形,平整工序能够有效消除由于轧制应力残留、热处理不均或冷却过程中的变形所导致的缺陷。此外,这种轻压下处理还有助于打断板带表面的部分晶粒组织,细化表层结构,从而提升钢板的表面粗糙度与均匀性,改善产品的光洁度和涂装性能。

近年来,为进一步提高板形控制能力,尤其是对中宽板带产品,精整处理线逐渐推广使用具备张力矫直功能的张力矫直机。这种设备不仅具备一定的拉伸张力能力,同时结合辊系的弯曲作用,可以在保持恒定延伸率的基础上实现更加精准的形状调节。张力矫直机能有效控制板带的残余应力分布,提高板带在后续冲压、折弯等加工过程中的尺寸稳定性和抗变形能力。平整工序及其配套的控制系统包括张力控制系统和辊系调节系统,已成为确保冷轧板带实现优良板形、稳定性能和美观表面的关键环节。

5. 精整处理线

精整处理工序是冷轧板带生产的最后一道综合性加工工序,其主要作用是对轧制完成并经过退火的板带进行外观质量改善、尺寸精确控制及形状优化,以满足用户对冷轧产品在不同领域的特定要求。该工序不仅有助于提升板带的综合性能与外观品质,同时也是提高产品附加值、拓展下游应用的重要手段。

精整处理线由多个功能单元组成,包括横切机组、纵切机组、平整机组和重卷机组等。横切机组将板带切成定尺板,适用于后续剪切或使用;纵切机组将板带沿纵向分切为窄带,满足不同宽度规格需求;平整机组通过小压下量轧制,采用恒延伸率控制来修复退火、运输或存储过程中产生的轻微变形;重卷机组将处理后的板带重新卷成卷材。部分高端精整线还包括表面检查、自动涂油、防锈处理和标识喷码等附加系统,以满足更高的品质和交付要求。

精整处理不仅是一个物理操作过程,更涉及到对材料性能、外观质量和用户需求的深度匹配。通过精整,冷轧板带的厚度、宽度、平直度、边部质量及表面状态等关键指标得到有效控制和优化,使其适用于汽车制造、家用电器、建筑装饰、精密冲压等多种终端用途。可以说,精整工序在连接生产制造与市场应用之间起到了桥梁作用,是现代冷轧工艺链中不可或缺的重要环节。

6. 镀层处理线

镀层处理是冷轧板带深加工的重要工序,旨在提升产品的耐腐蚀性、美观性及功能性。常见的镀层工艺包括镀锌、镀锡和彩涂等,每种工艺根据最终产品的需求对设备配置和工艺布置提出不同要求。镀锌生产线通常由入口段、工艺段和出口段组成。入口段通过开卷、焊接等设备确保连续供料;工艺段包括清洗、退火、热浸镀锌、镀层厚度控制等过程;出口段则进行冷却、重卷、涂油等后处理。

镀锡工艺主要应用于食品包装领域,要求更高的表面洁净度和均匀性,而彩涂工艺则在镀锌或镀铝锌层表面施加有机涂层,使材料具备更强的装饰性和防护性,广泛应用于建筑装饰和家电领域。镀层工艺的实施要求高精度的设备性能、温控精度和张力控制。典型的控制系统包括张力控制系统(用于确保镀层过程中的材料张力稳定)和温控系统(确保镀层的均匀性和产品表面质量)。精密的控制策略保证了产品的多样化需求,推动了冷轧产线的柔性化发展。

冷轧板带的精整及表面处理工序不仅对板形、表面质量及力学性能有重要影响,还体现了生产线的柔性化和高附加值加工能力。精整工艺包括退火、平整、重卷、横切和纵切等过程,这些环节对板带的最终质量至关重要。现代化冷轧生产线通过高精度的自动控制系统来实现工艺参数的精准控制,温控、张力控制和延伸率控制等自动化系统已成为确保高质量产品的重要保障。深入研究这些控制系统及其应用,对推动智能制造、提升产品性能具有重要意义,是钢铁行业发展的关键技术。

## 第二节　冷轧过程板带张力控制

大张力轧制是冷轧区别于热轧的关键特征。所谓张力轧制,是指板带在轧辊中进行塑性变形时,同时受到前张力和后张力的作用。在冷轧生产过程中,张力控制具有多重重要作用:①防跑偏与板形控制。张力可以有效防止板带在轧制过程中发生跑偏,同时有助于改善成品的板形。②降低轧制力。通过施加张力,可以显著降低金属的变形抗力,从而减少轧制压力。③机组联动。机架间的张力将整个连轧机组联为一个有机整体,确保生产的连续性。④厚度调节手段。张力也可以作为板带厚度控制的辅助调节方式。

张力本质上是机架间速度不协调的产物。以相邻两机架为例(图 6-3),若第 $i$ 机架的出口板带速度 $v_i$ 降低(可能因轧辊减速或前滑量减小),或第 $i+1$ 机架的入口板带速度 $v_{i+1}$ 升高(可能因轧辊加速或后滑量减小),机架间板带将被拉伸,导致张力 $T_i$ 增大;反之,张力减小。值得注意的是,张力变化并非单向影响——它会通过改变前滑量与后滑量,反作用于机架的速度协调性。例如,张力增大会促使第 $i$ 机架前滑量增加(出口速度提升),同时使第 $i+1$ 机架后滑量增大(入口速度降低),从而推动速度重新匹配,使张力稳定于新平衡值。这种自调节特性是张力轧制区别于自由轧制的核心优势。

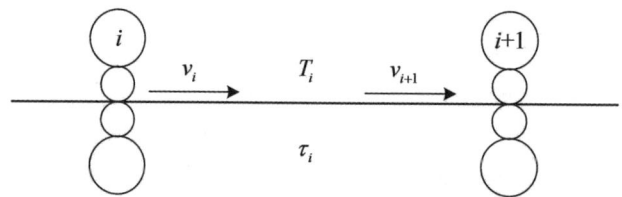

图 6-3　连续式冷连轧机

在自由轧制(无张力)条件下,若机架间速度失配(如第 $i$ 机架出口速度偏高),板带会因堆钢形成活套,且套量随时间无限累积(若不进行人工干预)。高速轧制时,活套的快速生成将极大增加操作难度。而张力轧制则通过上述自调节机制,使速度失调引发的张力变化迅速导向新平衡,避免张力无限增大或减小,显著提升了轧制过程的稳定性和可控性。因此,基于张力约束的速度协调是连轧系统稳定运行的根本前提。

## 一、辊缝式张力控制系统

辊缝式张力控制系统是冷连轧过程中一种通过调节辊缝间隙实现张力精确控制的方式,其核心思想在于通过液压伺服系统对工作辊压下位置和压力的微调,改变板带在轧制过程中的滑移状态,进而影响带钢在机架间的运行速度,实现张力的间接调节。这种控制方式区别于直接调速的速度式控制,具备响应快、调节细的特点,常用于对中间机架张力进行补偿和精细控制。

在系统结构上,辊缝式张力控制以位置闭环控制系统为核心,将在线测得的张力偏差信号转化为辊缝调整指令,并实时叠加至伺服阀的位置设定中。液压执行机构根据控制指令驱动工作辊升降,从而动态调整辊缝开度。辊缝变化会直接影响带钢出口处的滑移量和运行速度,使板带受力状态发生改变,最终实现对张力的调节。整个过程构成一个完整的闭环控制系统,具备实时响应和自我修正能力。

辊缝式张力控制在冷轧机组中的作用主要体现在以下 3 个方面:①位置闭环控制系统作为核心执行单元,负责将张力偏差信号转化为精确的辊缝调节动作;②系统实时计算张力偏差值,并将其叠加到伺服阀的位置设定参数中;③液压执行机构根据控制指令进行升降运动,动态调整辊缝开度;④辊缝宽度的变化直接改变板带的受力状态,完成张力调节过程。

整个系统采用闭环控制架构(图 6-4),通过实时反馈和动态调整辊缝(轧辊下压量)确保张力控制的稳定性和精确性。这种控制方式不仅能快速响应张力波动,还能与其他控制系统协同工作,确保冷轧过程的稳定运行。

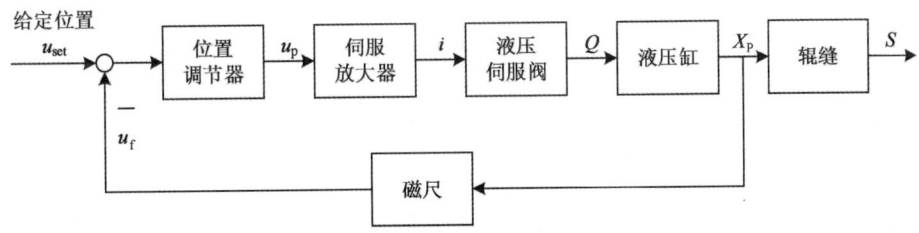

图 6-4　辊缝式张力控制系统结构图

辊缝式张力控制的本质是位置控制,因此可考虑采用 PI 调节,其传递函数为

$$G_1(S)=\frac{U_C}{U_S}=K_P+\frac{K_P}{K_I S} \tag{6-1}$$

式中:$K_P$ 为比例系数;$K_I$ 为积分系数。

在图 6-4 中,伺服放大器主要承担两项功能。首先,它将控制信号对应的电压值线性地转换成电流并输出;其次,伺服放大器输出的微小电流有助于克服液压缸活塞的静态摩擦。可以将伺服放大器视为一个比例放大环节,其传递函数为

$$G_2(S)=\frac{I_e}{U_S}=K_f \tag{6-2}$$

式中:$K_f$ 为伺服放大器比例增益。

液压伺服阀作为辊缝位置控制的关键执行部件,其模型可以简化建立为一个二阶系统。对于这个系统,其传递函数可以表示为

$$G_3(s)=\frac{Q_v}{I_v}=\frac{K_v}{\frac{s^2}{\omega_v^2}+\frac{2\xi S}{\omega_v}+1} \tag{6-3}$$

$$K_v=\sqrt{2}\frac{Q_0}{I_0}$$

式中:$Q_v$ 为伺服阀液压流量;$I_v$ 为阀输入电流;$K_v$ 为阀比例系数;$Q_0$ 为伺服阀输入电流;$I_0$ 为伺服阀放大系数;$\omega_v$ 为伺服阀响应频率;$\xi$ 为伺服阀的阻尼系数。

液压缸的传递函数为

$$G_4(S)=\frac{X_P}{Q_{sv}}=\frac{\dfrac{A_P}{K_{ce}K}}{\left(\dfrac{S}{\omega_r}+1\right)\left(\dfrac{S^2}{\omega_L^2}+\dfrac{2\varepsilon_0}{\omega_L}S+1\right)} \tag{6-4}$$

式中:$A_P$ 为液压缸内腔有效面积,$m^2$;$K_{ce}$ 为液压缸总流量压力系数;$K$ 为弹性负载综合刚度,N/m;$\omega_r$ 为惯性环节转折频率,Hz;$\omega_L$ 为液压缸固有频率,Hz;$\varepsilon_0$ 为阻尼比。

磁尺主要检测液压虹实际位置值,间接测量出辊缝位置,其传递函数为

$$H(S)=\frac{u_f}{X_p}=K_P \tag{6-5}$$

式中:$K_P$ 为位置传感器增益。

因此整个液压辊缝位置伺服控制系统的传递函数可表示为

$$G(S)=\frac{G_1G_2G_3G_4}{1+H(S)G_1G_2G_3G_4} \tag{6-6}$$

综合上述各模型就可以得到整个液压压下系统的动态结构,如图 6-5 所示。

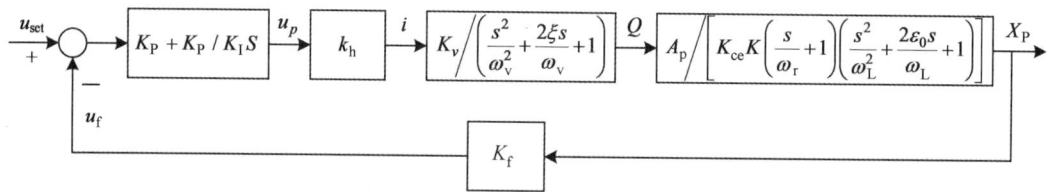

**图 6-5 液压压下系统的动态结构图**

在现场中影响张力自动控制系统控制精度主要因素如下:

(1) 张力控制系统计算出的机架速度调节量和辊缝调节量均要配合手动校正值共同参与调节,一般对于同种钢种要经过材料力学计算出规程表,给出每个机架的速度与给定辊缝调节量,手动校正值则是操作人员根据经验和现场情况现场实时调节。

(2) 为防止张力控制系统频繁调节造成板形恶化,程序设计中应根据轧制工艺和产品质量标准考虑设定调节死区,对于小于死区的张力偏差不予调节。

(3) 轧制速度突然增加和减小会造成板带和轧辊之间摩擦系数变化,补偿系数不合适也会直接影响张力自动控制系统的控制精度。

(4) 现场其他条件的变化,如温度、乳化液浓度、乳化液温度,乳化液纯净度、轧辊热膨胀及轧辊磨损都会引起与张力控制有关的因素变化。

## 二、速度式张力控制系统建模

在冷轧过程控制中,张力控制系统的核心任务是通过调节带钢在各机架之间的张力,实现对板形、板厚以及轧制稳定性的有效控制。速度式张力控制是一种以调节相邻机架间速度差来间接控制带钢张力的常用方式,具有结构简单、调节快速、适应性强等优点,广泛应用于现代冷轧生产线上。

双闭环控制的直流调速系统如图 6-6 所示。具体而言，首先将设定的目标张力 $T_s(s)$ 进行滤波处理，以消除高频干扰成分，并与张力计测得的实际张力值进行比较，得到张力误差信号。该误差信号作为张力调节器的输入量，经张力调节器（通常为 PI 或 PID 控制器）处理后，输出一个用于调节下游机架线速度的指令 $T_p(s)$。该线速度指令作为参考输入量，送入电流-速度双闭环电机控制系统中。电机在电流内环保证电流响应快速的前提下，由速度外环实现速度跟踪控制，最终驱动轧机执行相应的线速度变化。电机转速经计算得到当前机架的线速度 $V_2(s)$，再与前一机架的线速度 $V_1(s)$ 进行比较，并将差值输入到张力模型中。

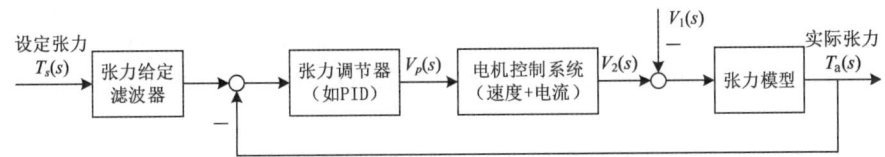

图 6-6　双闭环控制的直流调速系统

张力模型基于带钢的弹性特性建立，其线性关系可表示为

$$T_a(s) = \frac{EA}{L}[V_2(s) - V_1(s)] \tag{6-7}$$

式中：$E$ 为带钢弹性模量，$N/m^2$；$A$ 为板带横截面积，$m^2$；$L$ 为带钢在两机架间的有效长度，m。该模型揭示了张力与前后机架速度差之间的函数关系。

为了更加贴近实际，必须考虑电机伺服系统的动态特性。电机可简化为一阶惯性环节，其传递函数为

$$G_v(s) = \frac{K_v}{T_v s + 1} \tag{6-8}$$

将此传递函数引入张力控制通道中，可得出系统动态张力模型为

$$T_a(s) = \frac{EA}{L}[G_{v,2}(s)U_2(s) - G_{v,1}(s)U_1(s)] \tag{6-9}$$

式中：$U_1(s)$ 和 $U_2(s)$ 为前后机架的速度控制指令。实际控制中，该模型需进一步考虑传动系统的弹性滞后、带钢柔性振动以及测量延迟等因素。

此外，张力调节器还可结合前馈控制、扰动观测器或状态估计器等机制，提高系统对扰动的鲁棒性和响应速度。相较于传统的张力-张力控制方式，速度式控制方法可有效减小因张力信号波动而引起的系统不稳定，提升整体控制系统的灵敏性与抗干扰能力。综上所述，速度式张力控制系统通过速度差-张力机制实现间接调节，其结构清晰、响应迅速，是现代冷轧张力控制系统中最具实用价值的方案之一。

## 三、基于模糊 PID 的冷轧卷取张力控制系统

冷轧卷取张力控制系统的主要任务是确保在带钢被卷绕成钢卷的过程中张力始终维持在合理范围内。由于卷取阶段带钢厚度薄、速度快，若张力控制不当，容易出现断带、钢带打

滑、边部起皱、中部折叠等缺陷,严重时甚至影响整条生产线的稳定运行。因此,张力控制系统在卷取过程中发挥着至关重要的作用。

该系统通过调节卷取电机的速度或输出转矩,使带钢在高速运动中始终保持稳定而适宜的拉伸状态,既能避免张力过大导致断带,也能防止张力过小引起松卷或板形异常。系统通常采用直接张力控制和间接张力控制两种策略。直接张力控制通过张力计实时测量张力,构成闭环反馈,控制精度高但成本较大,且容易受到电磁干扰;间接张力控制则利用电机输出转矩间接调节张力,无需张力传感器,降低了系统成本,并因计算机与电力电子技术的进步而大幅提升控制精度,得到一定应用。

卷取过程中的转矩设定需综合考虑3个方面的转矩:

(1)生产线的张力转矩:为了保持钢卷在生产线上稳定运行所需的转矩。张力转矩的大小与钢卷的卷径有关,卷径越大,所需的张力转矩通常也越大,以防止钢带在卷取过程中松弛或过紧。

(2)摩擦转矩:由于卷取机与钢卷之间的摩擦而产生的转矩。摩擦转矩需要被考虑在内,以确保卷取机能够克服摩擦力,顺利地卷取钢带。

(3)加速转矩:在钢卷的加减速过程中,需要额外的转矩来克服由于加速度引起的惯性力。这个转矩与钢卷的卷径和加速度有关,卷径越大或加速度越大,所需的加速转矩也越大。

这些转矩与钢卷卷径和线速度密切相关,需实时调整。为保证卷取张力恒定,系统常通过设定卷取电机比生产线略快的速度差,使其速度环饱和,从而进入转矩控制模式,实现对总转矩的闭环调节,其结构如图6-7所示。

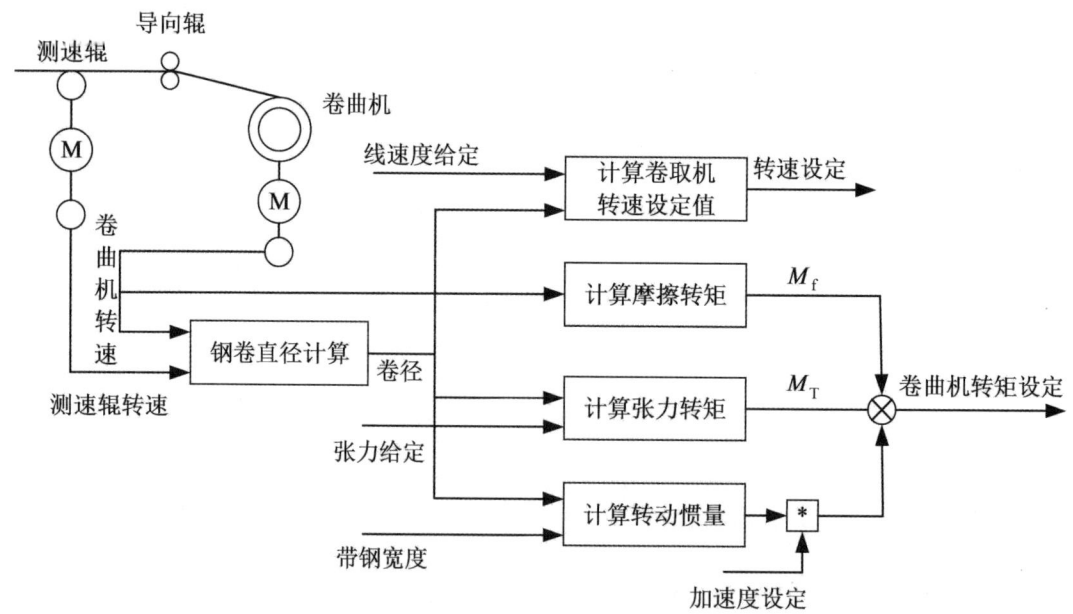

图6-7 卷取机张力控制系统框图

转矩控制通常依赖 PID 算法进行闭环控制,理论上可依据系统模型整定为二阶系统,但实际中需通过调试与工况反馈进行参数优化。传统 PID 控制虽结构简单、应用广泛,但参数固定,不具备应对非线性系统和工况变化的能力,容易导致控制性能下降。为增强系统的自适应性,引入模糊 PID 控制策略(图 6-8)。该结构将误差 $e$ 及其变化率 $ec$ 作为输入量,经模糊逻辑计算后输出参数调整量 $\Delta K_P$、$\Delta K_I$、$\Delta K_D$,以动态调整 PID 参数。由于微分项对噪声敏感,实际控制中多采用模糊 PI 结构。

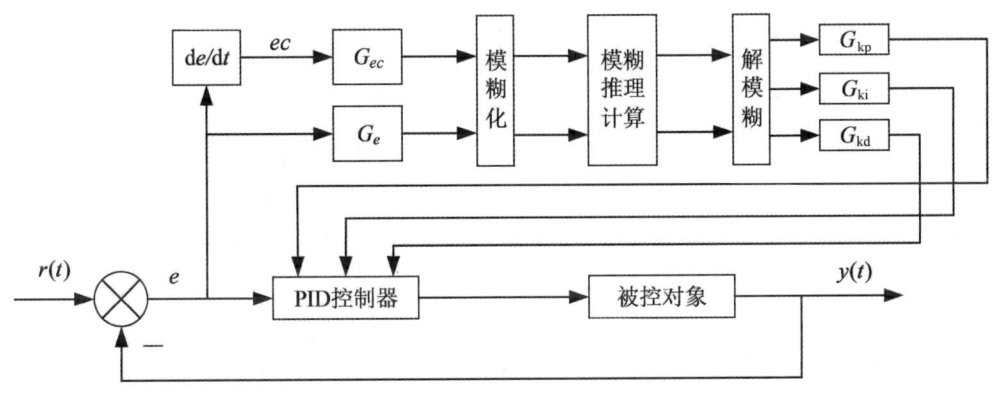

**图 6-8 模糊 PID 控制结构框图**

在模糊 PID 控制结构中,量化因子 $G_{ec}$ 和 $G_e$ 用于将模糊逻辑控制器的输出转换为具体的 PID 参数调整量,其中输入为偏差 $e$ 和偏差的变化率 $ec$,输出为 PID 控制器的参数调整量 $\Delta K_P$、$\Delta K_I$ 和 $\Delta K_D$。然而,由于微分参数 $K_D$ 对噪声和快速变化的偏差过于敏感,可能导致控制系统不稳定,因此在实际应用中,通常只采用比例 $P$ 和积分 $I$ 参数,即 PI 控制器,以简化控制结构并提高系统的稳定性。

在转矩的模糊控制中,以常规的 PI 控制为基础,当转矩(即张力)稳定在某一预设区间内时,系统采用常规 PI 控制维持稳定;而在转矩发生动态变化时,系统则切换到模糊 PI 控制,以提高张力控制的响应速度。这种设计结合了传统 PI 控制的稳定性和模糊控制的灵活性,旨在实现在不同工况下都能快速且准确地控制张力。改造后的闭环控制结构能够根据转矩的实际变化自动调整控制策略,从而在保持系统稳定的同时,提高张力控制的动态性能。转矩的模糊 PID 控制结构框图如图 6-9 所示。

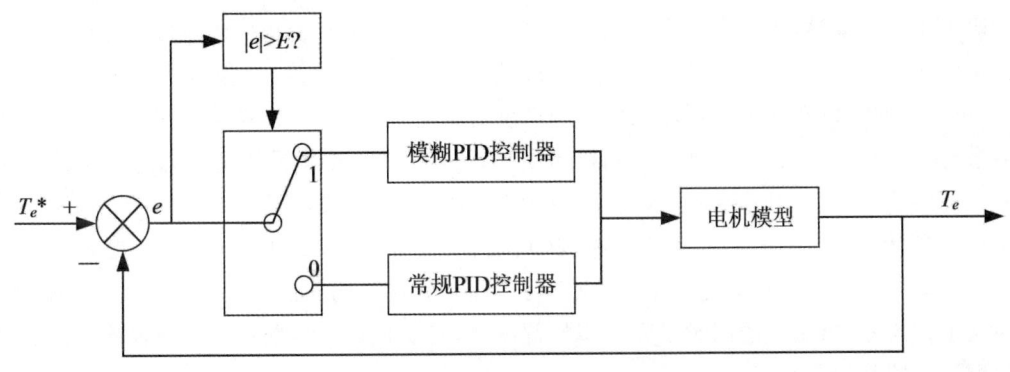

**图 6-9 转矩的模糊 PID 控制结构框图**

在实施模糊化处理的过程中,选用广泛采用的三角形隶属函数定义转矩响应中的偏差 $E$ 和偏差变化率 $EC$ 的模糊子集。这些模糊子集通过三角形隶属函数表示,它们能够将实际的偏差和偏差变化率映射到模糊逻辑控制器可以处理的模糊值上,从而实现对转矩响应的精确控制。

$$E, EC = \{NB, NM, NS, ZO, PS, PM, PB\} \tag{6-10}$$

在模糊 PID 控制中,根据偏差 $e$ 和偏差变化率 $ec$ 的乘积动态调整 PID 控制器的参数 $K_P$(比例增益)和 $K_I$(积分增益):

(1) 当偏差的绝对值 $|e|$ 很大时,为了快速减少偏差,我们选择较大的 $K_P$ 和较小的 $K_I$,以增强系统的响应速度。

(2) 当 $e$ 和 $ec$ 的乘积大于 0,即 $e \times ec > 0$ 时,这表明偏差正在向绝对值增大的方向变化。为了迅速减小偏差的绝对值,同样选择较大的 $K_P$ 和较小的 $K_I$。

(3) 当 $e \times ec$ 小于 0 或者 $e$ 等于 0 时,这意味着偏差的绝对值正在减小,或者系统已经达到平衡状态。在这种情况下,可以保持 $K_P$ 和 $K_I$ 参数不变,以维持系统的稳定。

(4) 当 $e \times ec$ 等于 0 且 $e$ 不等于 0 时,这表明系统的响应曲线与理论曲线平行或重合。为了确保系统具有良好的稳态性能,选择较大的 $K_P$ 和较大的 $K_I$,以提高系统的稳定性和减少稳态偏差。

该模糊 PI 控制策略结合了传统控制的稳定性与模糊逻辑的自适应性,能够在不同工况下维持良好的张力控制性能,是当前冷轧卷取系统中常用的智能控制方法之一。

## 第三节 冷轧过程板形预测方法

在轧钢生产领域,冷连轧板带材是关键的钢材品种之一,而板形控制水平则是衡量其产品质量与市场竞争力的重要标志。当前的板形控制系统多采用闭环控制方式,依赖板形辊实时检测的反馈数据对执行机构进行调节,但这种方式存在一定的滞后性,不利于对板形问题的提前干预和优化。为了实现更加精准和高效的板形控制,亟需在控制系统中引入预测机制。通过对板形变化趋势的提前预判,可以为后续的控制动作提供有效指导,从而提高板形控制的响应速度与整体精度。近年来,为实现对复杂板形特征的有效建模与预测,研究者普遍采用随机森林、支持向量机、深度神经网络等机器学习方法来构建板形预测模型。

然而,不同的机器学习模型在处理非线性特征提取、抗噪性、过拟合控制等方面各具优势,单一模型难以在所有应用场景中兼顾精度与稳定性。因此,集成学习作为一种将多个模型融合的策略,越来越多地被引入到板形预测任务中。集成学习的基本思想是构建多个性能互补的基学习器(如决策树、K 近邻、神经网络等),其一般框架如图 6-10 所示,通过加权投票、加法提升(boosting)等集成策略,将其融合为一个整体预测模型,从而提升预测精度与泛化能力。在板形预测任务中,集成学习可充分利用不同算法对样本特征的敏感性差异,在减小预测方差、偏差的同时增强模型的鲁棒性,对实现板形早期预警与多模式下的高精度预测具有重要意义。

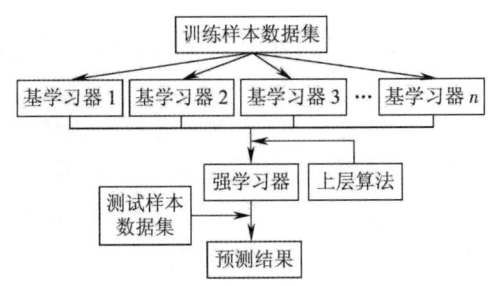

图 6-10 集成学习基本框架

# 一、冷轧板带的板形表示方法

在冷轧板带的生产过程中,板带在前张力与后张力的共同作用下被拉伸延展,并在卷取前呈现出较为良好的平直状态。然而,一旦撤除张力,原本被张力"掩盖"的内在缺陷便会显现,表现为翘曲、鼓包或波浪等板形问题。这些缺陷的本质来源于带钢沿宽度方向的不均匀塑性变形,导致其内部存在分布不均的残余应力。

为定量描述板带的板形状况,本书将残余应力分布函数作为分析基础,并借助切比雪夫多项式进行数学建模。残余应力在板带横向的分布形式可表示为

$$\sigma_v(x) = a_0 + a_1 x + a_2(2x^2 - 1) + a_4(8x^4 - 8x^2 + 1) \tag{6-11}$$

式中:$\sigma_v(x)$ 为第 $x$ 条纵切纤维所对应的残余应力(板带纵切纤维如图 6-11 所示);$a_0$、$a_1$、$a_2$、$a_4$ 为切比雪夫多项式系数,其中 $a_1$ 代表一次分量参数,$a_2$ 代表二次分量参数,$a_4$ 代表四次分量参数;$x$ 为板带纵切纤维条编号。若以纤维长度差表示板带板形,则板带板形值为 $\varepsilon_v(x) \times 10^5 \text{IU}$。

这种多项式建模方式不仅能有效拟合残余应力在宽度方向上的非均匀分布,还便于后续进行板形优化与控制算法的设计。各阶多项式分量具有明确的物理意义,例如一次分量 $a_1 x$ 代表带钢左右两侧残余应力的不均衡;一次分量 $a_2(2x^2 - 1)$ 对应中部鼓起或边部波浪等对称性缺陷;四次分量 $a_4(8x^4 - 8x^2 + 1)$ 描述更高阶、局部化的应力变化。

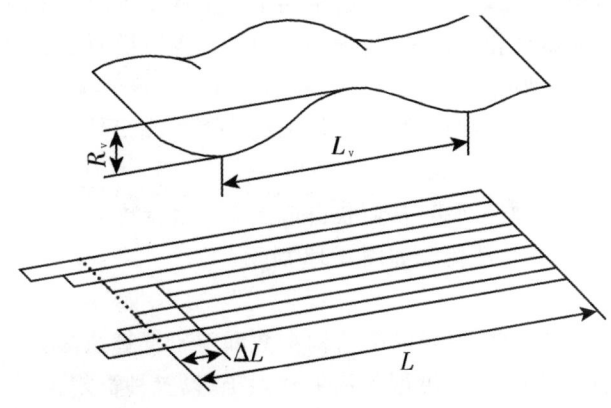

图 6-11 板带纵切纤维图

## 二、基于粒子群与小波神经网络的板形预测模型

为实现对冷连轧板带板形的精准预测,本书引入粒子群优化的小波神经网络(PSO-WNN)模型,用于预测板形残余应力分布中切比雪夫多项式的关键系数 $a_1$、$a_2$ 和 $a_4$(见"冷轧板带的板形表示方法"),其结构如图 6-12 所示。上述 3 个系数分别代表了板形中不同类型的非均匀残余应力成分,直接决定了板形的对称性、边缘波动和局部应力集中特征。板形预测模型的输入一般为冷轧过程的关键过程参数(轧制力、轧制速度、压下量分配等)、设备参数(工作辊弯辊力、中间辊弯辊力、辊缝等)和板带的原材料参数(板带厚度、宽度等)。粒子群算法用于优化小波神经网络的超参数,如神经元数量、隐含层层数、学习率等。

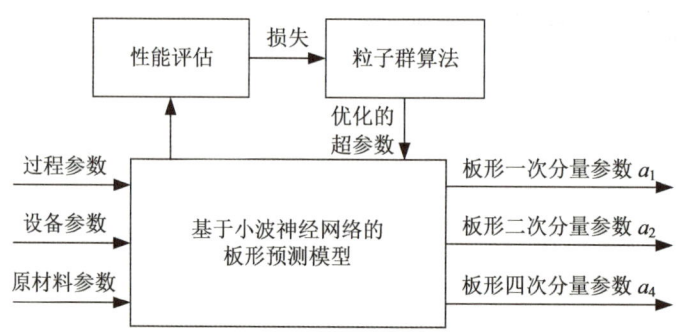

图 6-12 基于粒子群与小波神经网络的板形预测模型结构

小波神经网络是基于小波变换和小波构造理论搭建的多分辨率、多层神经网络,其采用小波基函数直接替代隐层函数,相应的输入层到隐含层的权值及隐含层的阈值分别由小波函数的尺度因子和平移因子所代替。由于其沿用了神经网络的结构,因此同时具有小波分析和人工神经网络的优点,既具有容错性、自学习、自适应等特点,又能加快网络收敛速度、避免陷入局部最优。但同神经网络一样,小波神经网络对初始参数(权值、阈值、尺度因子、平移因子)的选择非常敏感,较小的差异即会导致巨大的结果变化,为了进一步提高小波神经网络的预测能力,采用粒子群算法对网络初始参数进行优化。

粒子群算法的概念源于对鸟群捕食行为的模拟,其核心思想是利用群体中的个体对信息的共享,使得整个群体的运动在问题求解空间中产生从无序到有序的演化过程,最终获得问题的最优解。在粒子群优化算法中,鸟被抽象为一种无质量的粒子,粒子仅具有速度和位置两个属性,速度代表移动的快慢,位置代表移动的方向。每个粒子单独搜寻的最优解叫作个体极值,不断迭代,更新速度和位置,最终得到粒子群中满足终止条件的最优个体极值作为当前的全局最优解。

基于粒子群优化小波神经网络,从而获得最优的网络参数用于模型的预测,大大增加了获得全局最优解的概率,其算法流程如图 6-13 所示。

具体步骤如下:

(1) 参数初始化,包括小波神经网络结构参数和粒子群算法参数。确定神经网络拓扑结构,赋予网络节点权值、阈值、尺度因子和平移因子;设置种群规模、终止条件、惯性权重、学习因子,并初始化粒子的速度与位置。

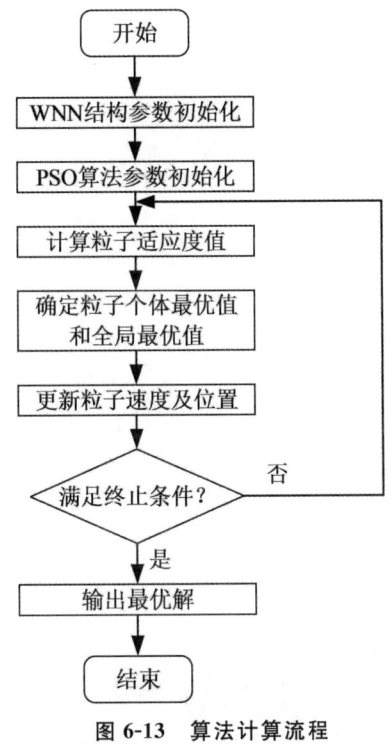

图 6-13 算法计算流程

（2）计算粒子适应度值，并对每个粒子进行适应度评估。若粒子当前位置适应度值优于历史最佳位置适应度值，则用当前位置替代历史最佳位置；若粒子当前位置适应度值优于全局最优位置适应度值，则用其替代全局最优位置。

（3）更新粒子的速度和位置，产生新种群。若满足终止条件，则迭代终止，输出最优解作为小波神经网络的最优参数；若未满足终止条件，则返回步骤（2）继续优化，直至满足终止条件，停止迭代寻优。

为了提高冷连轧板带板形预测的精度，可将粒子群优化的小波神经网络作为集成学习中的基学习器。对于上层集成策略，可以采用如 Bagging、Boosting 或 Stacking 等方法，将多个基学习器的输出融合为更强的整体模型。其中，Bagging 具有并行训练多个预测函数的优点，有助于提升训练效率，而 Boosting 和 Stacking 则能在不同程度上增强模型的泛化能力和鲁棒性。通过合理选择和设计集成策略可进一步提升模型对板形变化的预测能力。

### 三、板形预测模型的参数设置与实现

神经网络通过信号的前向传播与误差的反向传播调节网络中的参数，进而实现模型的精准预测。由上文可知，小波神经网络为 3 层网络结构，选取 Morlet 小波函数作为小波神经网络隐藏层传递函数，设置隐藏层节点数为 8，则隐藏层的输出如下式计算得到：

$$T_q = T\left(\frac{\sum_{p=1}^{U}\theta_{pq}x_p - \beta_q}{\alpha_q}\right) \tag{6-12}$$

式中：$T_q$ 为隐藏层第 $q$ 个节点的输出值；$U$ 为输入层节点数；$\theta_{pq}$ 为输入层到隐藏层的连接权值；$\beta_q$ 为平移因子；$\alpha_q$ 为尺度因子。

输出层计算公式如下式所示：

$$S_r = \sum_{q=1}^{V} \theta_{qr} T_q \qquad (6-13)$$

式中：$S_r$ 为输出层第 $r$ 个节点的输出值；$V$ 为隐藏层节点数；$\theta_{qr}$ 为隐藏层到输出层的连接权值。

将 PSO-WNN 集成学习预测结果与单独使用 WNN 及 PSO-WNN 预测结果进行对比，得到各模型预测结果如图 6-14 所示。从图中可以看出，普通 WNN 模型在处理复杂非线性板形特征时存在一定的预测偏差，而经过 PSO 优化的 WNN 模型在预测精度上有所提升，但仍受限于单一模型的泛化能力和稳定性。而本研究构建的基于集成学习的 PSO-WNN 模型在多个基学习器协同作用下，预测结果更为平滑、准确，较好地捕捉了板形变化趋势，尤其在边缘波动剧烈、应力集中明显的区域仍能保持较高的预测一致性。

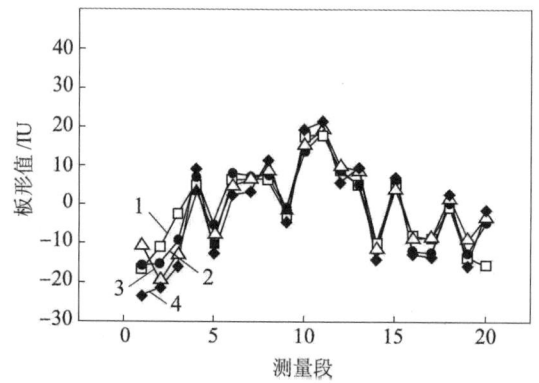

1. 板形辊测量实际板形值；2. PSO-WNN 集成模型预测板形值；
3. PSO-WNN 模型预测板形值；4. WNN 模型预测板形值。

图 6-14　各模型预测结果

从整体性能来看，集成 PSO-WNN 模型在 3 个板形参数上的预测误差最小，表现出更优的泛化能力和抗干扰能力，验证了其在冷连轧板带板形预测任务中的有效性和实用价值，为实际生产过程中的板形在线监测与控制提供了可靠的建模支持。

# 第四节　冷轧过程板形板厚控制

在冷轧生产过程中，板材的板形和板厚是衡量其质量的关键指标，两者不仅分别影响产品的使用性能和后续加工性，而且在控制策略上存在明显的交叉耦合关系。因此，板形控制与板厚控制一直是轧机自动化系统研究的重要方向。

## 一、板形控制

板形控制的目标是消除或减轻板带的横向形状缺陷，如边浪、中凸、翘曲等问题。由于材料在轧制过程中受到轧制力、辊缝形状、弯辊力、轧速和张力等多种因素的影响,其横向厚度和应力分布容易产生不均,进而形成板形缺陷。板形问题不仅影响产品外观和使用性能,还可能导致后续加工设备的故障,尤其在高端制造行业中容忍度极低。

为改善板形质量,需通过调节轧制参数(如有载辊缝形状、弯辊力、张力分布、冷却控制等)实现对板带凸度和平坦度的精细控制。板形控制设备和手段经历了从静态手动调整到动态在线控制的演变。1970年以来,弯辊技术成为主流,它通过机械力作用于轧辊辊身,使得轧制过程中辊缝轮廓实时可控,不仅响应快、可靠性高,还对板厚控制系统影响较小。随着设备结构的进步,一些新型轧机如高性能凸度(high crown,HC)轧机、连续可变凸度(continuously variable,CVC)轧机、成对交叉(pair cross,PC)轧机、在线可变凸度支撑(variable crown,VC)轧机等陆续应用于实际生产。这些设备可以动态调整无载辊缝的轮廓形状,从而控制有载辊缝的形状,实现板形的主动调节。

从控制策略角度看,板形自动控制系统大致分为开环和闭环两类。开环系统根据预设模型进行控制,未使用输出反馈,控制精度受限,适应性差。而闭环系统通过在线测量装置实时采集板形数据(如板形仪检测的横向张力分布),将实际输出值与目标值对比,动态调节弯辊力、辊缝形状等关键参数,实现更高精度和稳定性的控制。但闭环系统也存在延迟大、精度受限等问题,尤其当轧制速度快、工况多变时,对控制系统的鲁棒性要求极高。

从20世纪90年代起,自动控制算法开始广泛引入板形控制领域,用以解决多变量、强耦合等系统特性带来的难题。目前的研究重点包括多变量建模、非线性系统辨识、实时优化控制等,目的是提高控制系统的灵活性与稳定性,为后续的智能化和自适应解耦控制打下基础。

## 二、板厚控制

板厚控制主要针对板带纵向结构的均匀性,是冷轧控制系统中最成熟的控制部分之一。相较于板形控制,板厚控制的建模和调节相对容易实现,关键在于对轧机有载辊缝的精确控制,以保障成品厚度符合规范要求。

在实际应用中,板厚控制依赖于对辊缝开度的动态调节。轧制前,系统根据目标厚度和入口厚度等参数,利用数学模型或数据库进行预测,设定适当的辊缝开口度。在轧制过程中,通过对轧制力、张力、温度变化、轧辊热膨胀等因素进行实时补偿和反馈调节,实现精确厚度控制。

影响板厚精度的主要因素包括原始板厚波动、轧件温度变化、轧辊磨损及其热变形、轧制力变化、设备刚度等。这些扰动虽然复杂,但相比板形控制中横向非均匀性和应力场的耦合问题,整体可控性更强。因此,在多机架冷连轧系统中,板厚控制技术已经形成较为成熟的解决方案,具备较强的适应性。板厚控制系统发展至今已形成多个子类,包括监控式板厚自控制系统、前馈板厚控制系统、反馈板厚控制系统、张力补偿控制系统、流量板厚控制系统等。

为有效协调板形与板厚的动态变化,必须设计具备解耦能力的控制策略,以削弱或消除两者之间的相互干扰。根据控制策略的发展阶段与智能化程度,当前主流的方法可大致分为传统解耦控制策略、自适应解耦控制策略和智能解耦控制策略 3 类。本节将分别阐述这 3 类方法的代表性实现方式及其原理。

## 三、传统解耦控制策略

传统解耦控制策略主要采用现代频率法和前置补偿法等手段来实现系统变量间的解耦控制。这类方法一般依赖于精确的数学模型,通过线性系统理论对多变量系统进行分析和控制,其中前馈补偿解耦是应用最早、最具代表性的技术之一,而奈奎斯特稳定判据等频域工具则为现代频率法提供了理论支持。

以冷轧过程中的板形-板厚控制系统为例,该系统通常表现为一个典型的双输入双输出系统,即以轧制力和张力为输入,以板形和板厚为输出,二者之间存在明显的耦合。传统的前馈补偿解耦控制器便是在此背景下发展而来,旨在通过前馈与反馈相结合的机制,减小变量之间的交叉干扰,提高控制系统的稳定性和精度。前馈补偿解耦控制器的结构一般包括以下 5 个核心部分。

(1)输入检测:系统需要检测输入变量,如轧制力和张力等。

(2)前馈补偿器:根据输入变量的检测值,前馈补偿器计算出需要的补偿量,以预测和补偿系统的动态响应。

(3)状态反馈:系统通过状态反馈获取当前的状态信息,如板形和板厚的实际值。

(4)解耦控制:结合前馈补偿和状态反馈,解耦控制器计算出控制输入,以消除或减少系统中的耦合效应。

(5)控制执行:控制信号被发送到执行机构,如轧机的辊缝调整装置,以实现对板形和板厚的精确控制。

前馈补偿解耦控制器的优势在于能够预测并补偿干扰,减少系统的动态响应时间,提高控制精度。然而,由于冷轧板形板厚系统的复杂性,这种控制器的设计和调整需要深入的系统理解和精确的数学模型。图 6-15 所示为前馈补偿解耦控制器的结构图,该图详细描绘了从输入检测到控制执行的整个流程。通过这种结构控制器能够有效地处理多变量系统中的耦合问题,实现对板形和板厚的独立控制。

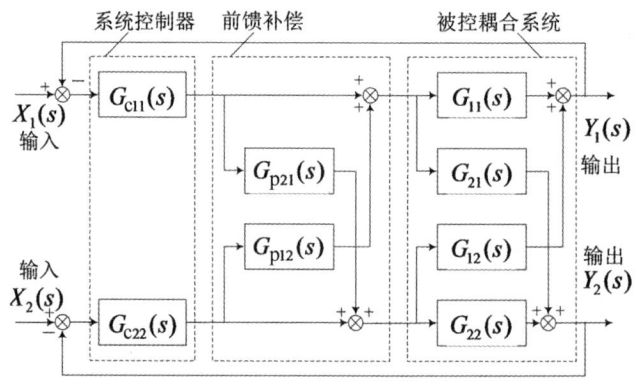

图 6-15 前馈补偿解耦结构图(双输入双输出系统)

由图 6-14 可得出此冷轧板形板厚系统的输出分别表示为

$$Y_1(s) = X_1(s)G_{c11}(s)G_{11}(s) + X_2(s)G_{c22}(s)[G_{p12}(s)G_{11}(s) + G_{12}(s)]$$
$$Y_2(s) = X_2(s)G_{c11}(s)G_{22}(s) + X_1(s)G_{c11}(s)[G_{p21}(s)G_{22}(s) + G_{21}(s)]$$
(6-14)

假定想要实现对上述双输入双输出系统的解耦控制，则要将图 6-12 中的两个前馈补偿器的传递函数设计为

$$G_{p12}(s) = -\frac{G_{12}(s)}{G_{11}(s)}$$

$$G_{p21}(s) = -\frac{G_{21}(s)}{G_{22}(s)}$$
(6-15)

这样整个解耦控制系统组合后的等效系统便趋近于单位矩阵，实现输入与输出一一对应的解耦目标。

尽管传统解耦方法具有结构清晰、理论成熟的优势，并能显著提升系统的动态响应能力，但其核心依赖精确建模。当系统存在非线性、时变性或模型不确定性时，解耦性能将显著下降，甚至可能导致控制失败。此外，参数调整过程复杂，对系统动态特性要求高，限制了其在复杂工业环境中的普适性。因此，随着控制理论的发展和生产需求的提升，研究者逐渐转向更具鲁棒性和自适应能力的控制策略，如自适应解耦与智能解耦方法，以克服传统方法在实际应用中的局限。

## 四、自适应解耦控制策略

在冷轧过程的板形-板厚控制中，由于工作辊横向负载传递、轧制张力耦合等因素，系统具有显著的多输入多输出特性，典型表现为强耦合、非线性、时变性等特性。传统的解耦控制方法在面对板形与板厚之间复杂的交叉干扰时，往往难以保持较好的动态性能与稳态精度。为此，自适应解耦控制策略作为一种集成系统辨识、控制优化与解耦思想的高级控制方法，在该类复杂系统中表现出独特优势。

自适应解耦控制的目标是通过实时调节控制参数，使系统的闭环传递函数矩阵趋近于对角结构，从而实现控制输入对对应输出的单向作用。对于冷轧系统，其简化后的输入输出关系可用如下形式表示：

$$\begin{bmatrix} y_1(s) \\ y_2(s) \end{bmatrix} = \begin{bmatrix} G_{11}(s) & G_{12}(s) \\ G_{21}(s) & G_{22}(s) \end{bmatrix} \begin{bmatrix} u_1(s) \\ u_2(s) \end{bmatrix}$$
(6-16)

式中：$y_1(s)$、$y_2(s)$ 分别为板厚与板形输出；$u_1(s)$、$u_2(s)$ 为轧制力调节量与张力调节量；$G_{ij}(s)$ 为系统的动态传递函数，体现了板形与板厚之间的耦合关系。

为了实现解耦，需要设计控制器的传递函数，使系统的实际传递矩阵接近如下的对角结构：

$$G'(s) = \begin{bmatrix} G'_{11}(s) & 0 \\ 0 & G'_{12}(s) \end{bmatrix}$$
(6-17)

典型的自适应解耦控制器主要包括模型辨识器、自适应前馈补偿器、误差校正机制和主控制器 4 个模块。其中,模型辨识器可以实时获取系统传递函数 $G_{ij}(s)$ 的变化,并进行在线建模;自适应前馈补偿器基于最新的辨识模型设计补偿器 $F_{12}(s)$ 和 $F_{21}(s)$,用于抵消耦合路径;误差校正机制将系统输出与参考模型输出对比,实时调节补偿器参数以降低解耦误差;主控制器可以对解耦后的主通道进行控制。

为了实现解耦,可以令

$$\hat{F}_{12}(s) = -\frac{\hat{G}_{12}(s,t)}{\hat{G}_{22}(s,t)}$$

$$\hat{F}_{21}(s) = -\frac{\hat{G}_{21}(s,t)}{\hat{G}_{11}(s,t)} \quad (6-18)$$

式中:$\hat{G}_{ij}(s,t)$ 为在线辨识的传递函数。通过这种设计控制器能够根据轧制过程中的工况波动调整补偿强度,从而维持对板形与板厚的精确解耦控制。

自适应解耦控制器在冷轧板形-板厚控制中具有显著优势。它能够适应工况变化,如轧制速度和材料硬度的变化,减少人工调节控制器参数的需求,并显著提高控制系统的稳定性和精度。这使得该控制策略在动态响应要求高、精度要求严格的工业生产中具有广泛的应用前景。

然而,应用自适应解耦控制也面临一些挑战。首先,它要求对系统进行高精度在线辨识,这需要较大的计算量,对系统的实时性提出了较高要求。其次,控制器结构较为复杂,调试和维护难度较大。同时,模型误差和噪声的存在可能导致补偿器失配,从而影响控制效果。尽管如此,随着计算能力的提升和智能化控制需求的增加,预计自适应解耦控制将得到更广泛的应用。

## 五、智能解耦控制策略

智能解耦控制的核心思想在于利用人工智能算法,实现对复杂系统中多变量间耦合关系的自适应建模和在线解耦补偿。与传统解耦方法依赖固定模型结构和线性假设不同,智能解耦更强调从系统运行数据中自主学习输入输出之间的非线性映射关系,从而实现更具鲁棒性和实时性的解耦控制效果。目前,智能解耦控制主要有神经网络解耦控制和模糊解耦控制两种形式。

1. 神经网络解耦控制

神经网络解耦控制方法的核心在于利用神经网络对系统进行建模并实现解耦控制,其基本思路可以分为两种:一种是基于神经网络逆系统建模,另一种是基于神经网络直接调节控制器参数。在冷轧板形-板厚系统中,存在严重的变量耦合关系,例如张力控制既影响板形又影响板厚,传统控制策略往往通过对耦合项建模并设计补偿器进行处理,但在面对非线性、时变和难以建模的情况时,效果不佳。

在逆建模型结构中,神经网络被训练成整个冷轧过程的逆模型,使得神经网络输出的控制量作用于实际对象后,系统输出能够尽量逼近期望输出,从而实现近似解耦。这种方式本质上是通过神经网络对系统的输入-输出关系反向学习,使得耦合项得以在线抵消。另一种方法则是将神经网络嵌入到控制器中,作为 PID 参数整定器或增益调节器,依据实时系统输出调整控制器参数,使其动态适应系统的耦合和非线性特性。

与传统方法相比,神经网络解耦控制不依赖固定的精确模型,其结构通常包括神经网络建模器、误差反馈回路和自适应调整模块,具备非线性映射能力、自适应能力和在线学习能力。主要优势包括:

(1) 非线性耦合处理能力强,尤其适用于冷轧中强耦合、高动态非线性工况。

(2) 模型独立性高,无需精确的物理建模,减少调试复杂度。

(3) 实时性好,可实现在线自整定和快速响应控制。

(4) 易于融合其他智能控制技术,如模糊控制、遗传算法优化等,构建复合智能控制框架。

2. 模糊解耦控制

模糊解耦控制方法的基本思路是将耦合系统的问题转化为模糊规则下的多变量控制问题,通过构建模糊控制器以降低变量间的交叉影响。在控制结构上,模糊解耦控制一般分为直接模糊解耦和间接模糊解耦。

直接模糊解耦控制利用输入输出的经验规律建立模糊控制规则矩阵,用以调节主控制变量与耦合变量之间的作用强度。例如,在板厚控制通道中,引入与板形输出相关的误差信息作为模糊控制器的输入,对输出进行模糊加权,从而减小干扰带来的耦合效应。

间接模糊解耦控制首先通过模糊规则建立每一通道的控制器(如模糊 PID),然后通过模糊推理系统对控制器进行参数调整和输出修正,实现间接解耦。该方法常结合模糊子空间划分与模糊补偿器设计,在系统耦合较强的情况下表现更优。

模糊控制器的核心模块包括模糊规则库、模糊推理引擎、隶属函数和解模糊器,其中规则库由专家经验或历史数据抽象而成,用于描述各输入状态下的控制行为。例如,当板厚误差为正而板形偏差为负时,控制器需减小张力而增加轧制力,这样的关系通过模糊规则表示并在模糊推理中应用。

模糊解耦控制与传统基于模型的解耦方法不同,它强调控制逻辑而非系统建模,其结构通常不需要求解复杂的传递函数或状态方程。这一特性赋予其以下优势:① 不依赖精确数学模型,适合应用于模型获取困难或模型易变的冷轧系统;② 对非线性与不确定性具有良好鲁棒性,适合实际轧制中复杂扰动工况;③ 便于融合人类专家知识,增强系统解释性与操作可控性;④ 实现简单,适合嵌入式控制平台或现有分布式控制系统(distributed control system,DCS)集成使用。

除了上述神经网络解耦控制和模糊解耦控制以外,还存在这两种方法混合的智能复合型解耦控制。它融合了上述两种智能解耦控制方法各自的优势,弥补了单一方法在处理复杂耦合系统时的不足,其基本思想是在主控制器(如模糊或PID控制)基础上,引入神经网络或自适应模块进行误差补偿或动态建模,从而提升系统的解耦性能和适应能力。这类控制策略尤其适用于系统非线性强、工况变化频繁的场合。

智能解耦控制策略通过引入神经网络、模糊控制等智能方法,拓展了传统解耦控制的应用边界,增强了系统应对非线性、时变性和不确定性的能力。无论是利用神经网络构建逆模型进行解耦,还是基于模糊规则实现耦合项补偿,这些方法都体现出更强的自适应性和鲁棒性。随着控制需求的提升和智能技术的发展,智能解耦控制将在冷轧板形板厚联合控制中发挥越来越重要的作用。

## 思考题

(1) 结合关于张力控制的描述,分析模糊PID控制在冷轧生产线张力控制中的优势,并讨论其在实际应用中可能面临的挑战。

(2) 简述冷轧板带生产过程中张力控制的主要作用,并说明为何其在稳定轧制中起到关键作用。

(3) 书中提到板形和板厚控制是冷轧生产中的关键环节,且两者之间存在耦合关系。请比较传统解耦控制、自适应解耦控制和智能解耦控制在板形板厚控制中的优缺点,并结合实际生产场景讨论其适用性。

(4) 在基于粒子群优化的小波神经网络中,粒子更新位置与速度的规则是什么?请结合板形预测问题,简述其如何提高模型预测精度。

(5) 简述板形与板厚控制之间的耦合关系,并说明为什么在轧制控制系统中,板厚控制通常优先于板形控制。请结合控制系统的设计考虑因素进行分析。

(6) 说明模糊PID控制在冷轧卷取张力控制中的优势。结合图6-8,简述模糊控制如何动态调整PID参数,以实现更好的张力调节效果。

## 主要参考文献

潘瑞林,王学敏,暴伟,等,2017.基于模糊聚类的冷轧合同组批优化方法[J].控制与决策,32(1):141-148.

孙浩,赵明达,李静,等,2023.基于LSTM-JITRVM的冷轧轧制力建模方法研究[J].计量学报,44(9):1409-1416.

王利,王伟,高宪文,等,2010.冷轧机组批量作业计划模型与算法[J].控制理论与应用,27(5):582-588.

王鹏飞,张智杰,李旭,等,2019.冷轧带材板形在线云图监控系统研究与应用[J].中国有色金属学报,29(12):2775-2784.

于华鑫,张桐源,张帅,等,2021.整辊式板形辊挠曲影响信号的快速识别和消除[J].仪器仪表学报,(3):192-200.

张柳柳,钱承,华长春,等,2023.基于耦合反步法的轧机垂扭耦合振动控制策略研究[J].自动化学报,49(12):2569-2581.

张文雪,齐东旭,崔健,2023.冷轧板形多变量模型预测控制[J].冶金自动化,47(5):103-114.

朱瞳彤,戴宛辰,罗宇恒,等,2023.基于Stacking集成学习的冷轧退火炉张力控制方法[J].冶金自动化,(增刊1):395-399.

HU Y,SUN J,PENG W,et al.,2021. Nash equilibrium-based distributed predictive control strategy for thickness and tension control on tandem cold rolling system[J]. Journal of Process Control,97(2):92-102.

LI H,ZHAO Z,ZHANG J,et al.,2019. Analysis of flatness control capability based on the effect function and roll contour optimization for 6-h CVC cold rolling mill[J]. International Journal of Advanced Manufacturing Technology,100:2387-2399.

SONG Y,XIAO W,WANG F,et al.,2024. A physics guided data-driven prediction method for dynamic and static feature fusion modeling of rolling force in steel strip production[J]. Control Engineering Practice,151:106039.

WANG Z H,MA G S,GONG D Y,et al.,2019. Application of mind evolutionary algorithm and artificial neural networks for prediction of profile and flatness in hot strip rolling process[J]. Neural Processing Letters,50:2455-2479.

ZHANG W,WU M,DU S,et al.,2023. Modeling of steel plate temperature field for plate shape control in roller quenching process[J]. IFAC PapersOnLine,56(2):6894-6899.

ZHAO J,LI J,YANG Q,et al.,2023. A novel paradigm of flatness prediction and optimization for strip tandem cold rolling by cloud-edge collaboration[J]. Journal of Materials Processing Technology,316:117947.

# 第七章 工业企业信息化技术及典型案例

随着我国经济的持续快速发展,钢铁工业的规模不断扩大,生产流程日益精细化。与此同时,信息化技术的广泛应用正在深刻改变钢铁企业的生产管理模式。为了提升生产效率、优化资源配置和增强市场竞争力,钢铁工业必须积极推进信息化建设,利用新一代信息技术实现智能化、数字化管理。本章通过两个典型案例,展示信息化技术在钢铁工业中的具体应用及其带来的变革。

## 第一节 铁前信息大数据系统设计

本节主要围绕研究背景、铁前大数据系统现状、研究必要性及意义、开发内容和目标这几个方面进行阐述。

### 一、铁前生产的研究现状与问题分析

在整个钢铁产业中,铁前过程是能耗占比最大的工序,其能耗约占产业总能耗的70%。铁前过程包含焦化、烧结和高炉炼铁3个生产复杂的冶炼工艺过程,每个过程又含有众多工序,其中涉及到众多的冶炼操作参数和技术经济指标,当只考虑单个过程或者单个工序时,这些过程数据之间没有联系,难以形成对整个炼铁过程的精细梳理和深度挖掘,造成大量原始数据的浪费。因此,研究人员设计并建设了一个更加自动化、智能化、数字化的可视化管理系统,将铁前过程所有关键参数汇集在一起,使复杂的工艺变得更加简单、直观、易操作,为管理者和操作者提供全面的系统状态信息。另外,钢铁工业要想提升系统自动化、智能化和数字化水平,必须实现一些工序的互联互通、数据采集、信息感知和信息集成等,这些是后续进一步数据分析、知识挖掘的基础,通过对知识进行结构化管理,从软件方面实现智能制造。

铁前过程属于长流程连续生产的工业过程。工序与工序之间及工序自身都处在一个动态平衡的过程中,它们之间既相互依赖,又相互影响。当双方或多方处在一个相对平衡的范围内时,就会相互促进;当其中某个平衡被打破,就会相互影响,相互制约。因此,从设备的实时数据管理入手,让设备运行始终处于受监测状态,对提升设备管理水平及系统的优化具

有重要意义。数据集中监控系统可以在线监测焦化、煤化、烧结、高炉等过程的生产状态,并根据采集数据自动生成数据列表、数据图表等多种数据展示的形式。

铁前信息大数据系统主要是想利用大数据分析手段帮助操作者和管理者对原料、设备状态、高炉炉况进行在线监测、预警和历史分析,提升工厂经济效益和稳定性,逐步实现钢铁工业的程序化、标准化,达到技术和操作两个层面的生产优化。通过大数据平台的建设,加快大数据平台在生产管控中的应用,让钢铁工业的系统管理更加可视化、透明化,实现生产管控精细化,确保实际生产稳定进行,提高产量质量,提升生产管理水平,实现生产和效益的动态监控。主要功能涵盖生产过程数据的实时显示和在线分析,同时具有对结果技术指标、生产成本指标等的分析。

## 二、铁前信息大数据系统的设计需求与实现目标

铁前信息大数据系统主要面向焦化、烧结和高炉过程,覆盖原料进厂至铁水出炉全过程的数据采集、整合与智能分析。其设计需求主要为了解决铁前工序信息孤岛、数据利用率低、过程控制响应滞后等问题,实现全过程数字化管理与辅助决策支持,从功能上分为用户界面交互性、实时监测界面、数据趋势分析、作业报表统计、异常数据判别和简单模型建立。

1. 用户界面(user interface,UI)交互性需求

铁前应用系统 UI 交互性需求主要包括菜单分类、数据分类、系统自适应、浏览记忆等方面,如以上工序提出的系统自适应显示页面、主页面的数据添加功能、增加时间条件设置的记忆功能等需求。

2. 实时监测界面

由焦化(煤化)、烧结和高炉对实时界面的需求可知,监测界面需要包含以下内容:实时监测界面(如焦化厂增加煤场库存数据动态功能)、量化的数据指标和分析工具(如烧结中的班累计数据等)、报警值设定修改功能、完善的数据跟踪与修改功能(如实现配料下料偏差随设定流量及实际流量的变化而变化)等实时监测界面的需求。

3. 数据趋势分析

由焦化(煤化)、烧结和高炉提出的数据趋势分析需求可知,主要有:数据分析列的自定义选取和排序(如焦化要求该模式同 SAP 系统格式设定类似)、增加各参数图形分析(如焦化在能源统计数据的基础上增加流量曲线)、时间标尺自定义等功能需求。

4. 作业报表统计

由焦化(煤化)、烧结和高炉提出的数据报表统计需求可知,主要有开通报表手动上传接口、对失真数据设置人工修正窗口、增加相应数据及报表、自定义数据产生报表、解决报表导出时乱码问题等需求。

## 5. 异常数据判别

由焦化（煤化）、烧结和高炉提出的异常数据判别需求可知，主要有对异常数据进行自动判别、在统计时能够自动剔除异常数据、能够对异常数据进行溯源等需求。

## 6. 模型建立

由焦化（煤化）、烧结和高炉提出的简单模型建立需求可知，主要有能够计算重要过程参数（如高炉碱负荷、锌负荷、炉渣成分等）、增加规则验证配料精准与否、个别参数故障检测（如风口小套、冷却壁）、炉况分析优化、增加数据分析模型等需求。

# 三、铁前信息大数据系统硬件及网络的改造升级

铁前区域包括四大工序：焦化、煤化、烧结及炼铁。一级 PLC 系统主要有西门子、AB 和施耐德，在烧结余热发电和煤化区域还有中控技术股份有限公司的 DCS 系统。L2 数据库系统、煤场料场 GPS 系统、铁前大数据系统有 Oracle、MySQL 和 SQL Server 等数据库。现在已有较为完整的 L1 自动化控制系统、L2 数据库系统及铁前大数据系统。铁前 L2 数据库系统及铁前大数据系统升级改造后的整体架构图如图 7-1 所示。

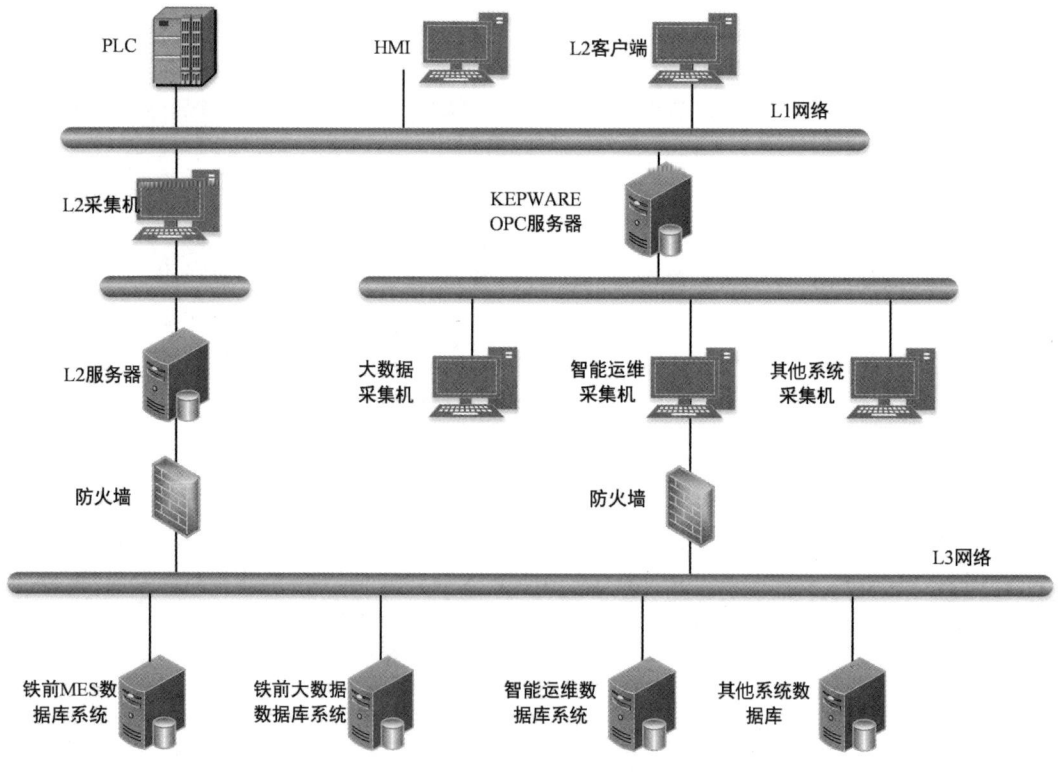

图 7-1 铁前系统区域网络图

铁前信息大数据系统的建设，包括对原有数据源的增加、数据采集协议的升级、数据存储及管理的云端迁移、应用功能的升级。通过对现有的系统进行改造，部署网关通讯机、数据服务器和防火墙等设备，并将焦化、煤化、烧结、炼铁部分的监控画面接入数据中心，在线实时传输各种生产操作参数、检化验数据、ERP 数据等；通过分析各生产工艺和冶炼机理，将实际检测值与冶炼机理计算值相结合，充分发挥大数据存储和挖掘的优势，以数据列表、数据图表、自定义曲线、统计分析报表等多种方式进行数据展示。在数据中心部署监控系统服务端并接入企业局域网，使得在局域网内的计算机都可以对其进行访问。

## 四、铁前信息大数据系统的功能设计

为实现铁前全流程工序在线监测、分析和统计等功能，满足操作者更高的使用需求，铁前大数据平台实现了各工序横向和纵向的全面集成，便于用户进行分析与应用。

系统功能架构如图 7-2 所示。整个系统可分为数据采集预处理和归整平台、数据平台、

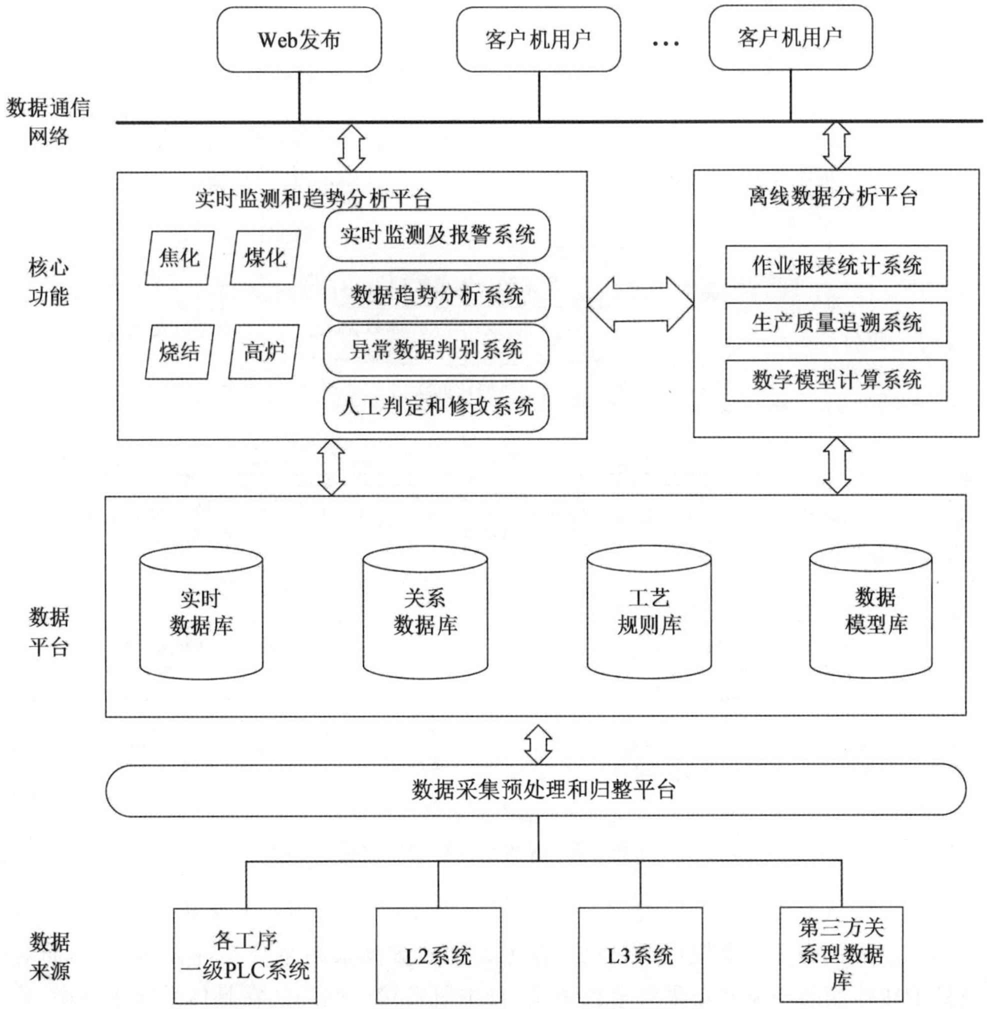

图 7-2　系统功能架构图

实时监测和趋势分析平台、离线数据分析平台。基于这4个平台构建铁前大数据系统,实现铁前各工序同源异构数据的全面采集、统一存储和管理、实时监测和分析,并按照不同应用的功能需求提供相应的工艺数据趋势,以便进行分析和诊断。

从核心功能的应用角度出发,可将铁前大数据平台分为在线应用和离线应用两个方面。数据采集预处理和归整平台及数据平台是这两类应用的基础平台。在线应用提供实时工序监测、实时数据趋势分析、报警、在线修改等功能,强调管理人员对现场状态的把控和系统处理的实时性;离线应用提供作业报表统计、生产质量追溯和数学模型计算等功能,主要根据各工序工艺过程强调对数据的整合和分析,对炼铁的工艺参数、质量目标参数等进行统计、追溯和分析,实现跨工序的分析和优化。

为实现上述功能,同时增强系统的可拓展性和灵活性,将系统应用软件进行分层架构设计,分别设计为数据采集适配层、数据存储和管理层、统一数据访问接口层、在线/离线应用层,如图7-3所示,各层次服从统一规范,提供用户适应性。

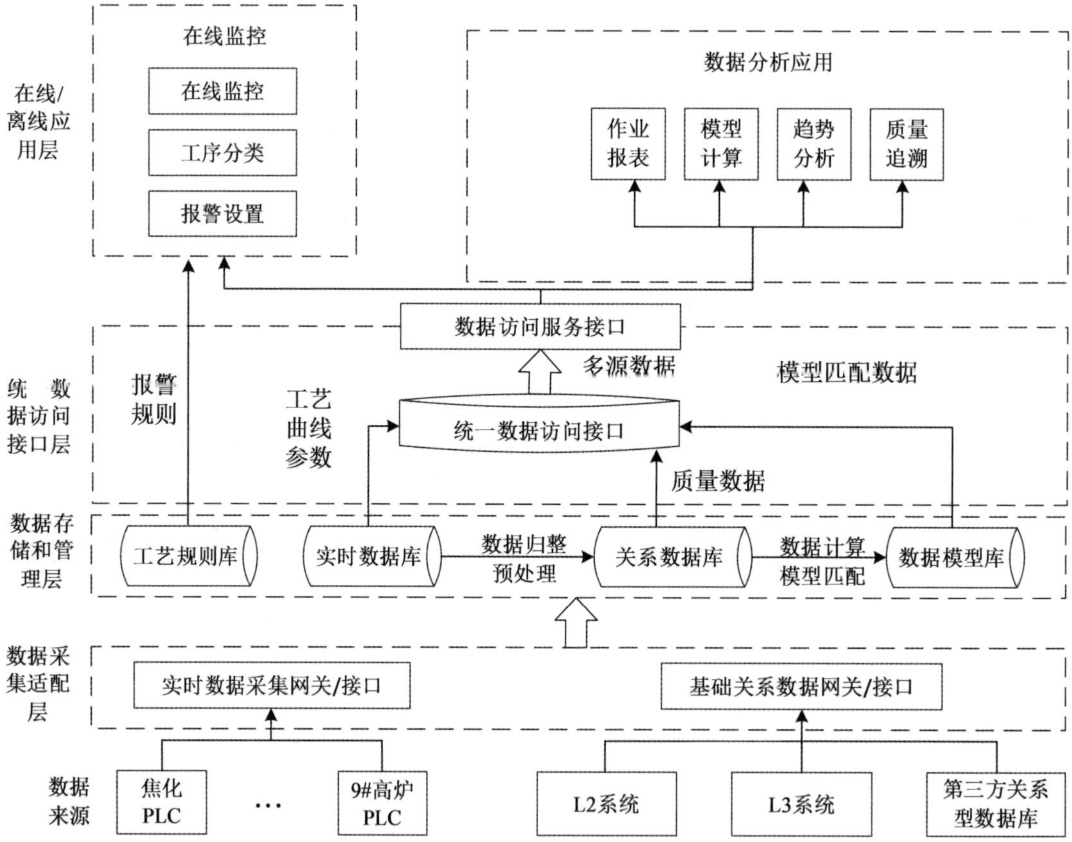

图7-3 应用软件功能层次图

数据采集适配层实现不同类型的数据采集,对于由一级PLC数据提供开放平台通信统一架构标准协议的控制系统可通过服务器上设计的数据采集系统实现数据采集,而对于一些特殊的接口需要根据数据采集平台协议,自主研发接口驱动。在具体采集策略中,重要工艺变量的采集频率需与未来工艺需求分析相匹配,以保障数据的时效性和有效性。此外,数据采集适配器支持数据源的类型直接影响整个应用平台可获得的数据量及未来分析应用的适用性。

数据存储和管理层负责对采集到的各类数据进行实时处理和重整,包括:①根据制造过程中工艺特征事件与状态利用数据通过相应预处理算法重整后建立的不同源数据与物料之间对应关系,将数据存储在统一的数据存储结构中,以便应用程序通过数据接口进行访问;②存储在线报警设置的各种规则库;③根据不同的数据类型,采用实时数据库存储各类工艺曲线数据,并保持其原始的事件时序和状态等;④采用关系数据库存储重要的工艺质量数据及各类曲线的数据统计特征参数等;⑤根据各工序模型的计算要求,对数据进行二次计算并匹配相应模型的数据模型库。

统一数据访问接口层对外提供统一的数据服务。数据访问接口根据用户对工序和参数的选择,以及参数之间的相互关系,实现跨工序工艺和质量数据的动态整合及工艺曲线数据的一致性处理,并向用户返回相应的数据集。

应用层主要分为在线应用和离线应用,根据用户需求进行开发和扩展。除实时监测、数据趋势分析和作业报表统计配备固定的模板以外,也可以根据用户需求进行选择和自定义配置,提高了软件通用性和功能可扩展性。在线应用功能按照工序需求配置以后,形成各个工序工艺过程监控和警报等功能,并利用趋势分析功能对数据进行分析。离线应用可以针对铁前各工序数据,按照不同需求进行综合分析,生成报表或质量追溯等,以便进行质量问题定位、异常诊断和炉况诊断。

## 五、简单模型功能——以高炉炉缸侵蚀模型为例

高炉作为钢铁生产流程中最大的单体设备,其建设和维修费用高昂,停炉大修后会打破物质流的平衡,无法保证钢铁生产的连续性。炉缸是高炉生产过程中储存液态渣铁的区域,该区域的物化反应激烈,对炉缸内衬的侵蚀也最严重。炉缸内衬的侵蚀影响高炉的高效运行,决定了高炉的寿命,因此掌握炉缸内衬的侵蚀情况具有十分重要的意义。

高炉是一个密闭的高温反应器,很难直接准确地测量出炉缸内衬的侵蚀情况,而借助热电偶温度可以间接了解高炉内衬的侵蚀情况,因此可以根据热电偶测得的温度来建立简单的高炉炉缸侵蚀模型。高炉炉缸侵蚀模型是根据某水平线内、外圈热电偶深度和温度,计算出该水平线高炉碳砖的实际厚度 $d$。接下来简单介绍高炉炉缸侵蚀模型计算方法,如图 7-4 和图 7-5 所示,$L_1$ 为外圈热电偶的插入深度,$T_1$ 为该点测得的温度;$L_2$ 为内圈热电偶插入的深度,$T_2$ 为该点测得的温度;1150 为铁水温度数值;$L_3$ 为内圈热电偶距碳砖内壁的距离;$D$ 为高炉碳砖的设计厚度。根据傅里叶

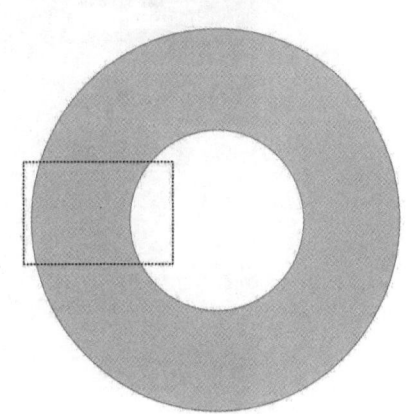

图 7-4 高炉俯视图

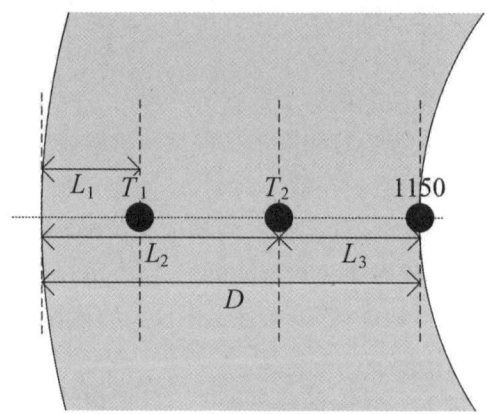

图 7-5 高炉局部放大图

定律,可以得到如下计算公式。

$$\frac{1150-T_2}{L_3}=\frac{T_2-T_1}{L_2-L_1} \tag{7-1}$$

根据公式(7-1)可以算出 $L_3$,在此基础上加上 $L_2$ 即为该水平线碳砖的实际厚度 $d$,m。将碳砖的实际厚度 $d$ 与设计厚度 $D$ 进行大小比较,若 $D$ 大,则说明炉缸碳砖出现侵蚀,目前碳砖厚度为 $d$;若 $D$ 小,则说明炉缸碳砖未出现侵蚀,目前碳砖厚度为 $D$。

高炉炉墙中的热电偶,可以做出每个高炉每层的侵蚀模型,计算出每层碳砖的实际厚度,供现场技术人员参考,效果图如图 7-6 所示。

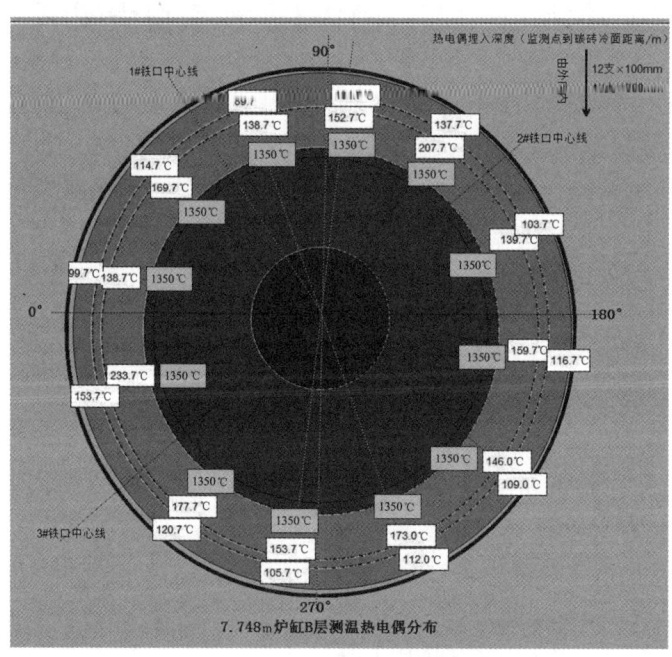

图 7-6 高炉碳砖厚度效果图

# 第二节　钢铁生产全流程智能协同管控系统设计

本节通过分析钢铁生产全流程管控系统的现状和预期要求,并综合考虑现场工作人员的操作习惯,得出系统的设计需求和解决目标,并分别从研究现状与问题分析、用户需求与实现目标、架构设计、功能设计、关键利用及应用效果6个方面进行说明。

## 一、钢铁生产全流程管控系统的研究现状与问题分析

钢铁生产全流程智能协同管控系统可以满足钢铁工业从原料到成品的生产和质量管理要求,解决监测点分散、生产异常溯源困难的问题。该系统是钢铁工业为促进安全管理、提高办公效率,为领导经营决策提供及时数据支持而设计的,其主要功能涵盖生产、经营数据的及时报送,生产、经营数据的及时分析总结,以及对结果技术指标、生产成本指标等的分析。通过搭建一个集控制、管理、调度于一体的钢铁生产全流程智能协同管控系统,可以极大地满足钢铁工业生产的实时要求,并且可以利用大数据分析生产,逐步实现钢铁工业的程序化、标准化操作,达到技术和操作两个层面的生产优化,提升装置的经济效益和稳定性。

大量的生产实践表明,钢铁生产全流程智能协同管控系统可以实现制造全过程质量监控、过程质量评价、质量预测与预警、过程质量追溯、质量分析与质量诊断等功能,大大缩短了故障预警时间,有效减少了异常事故的发生,显著提高了作业效率,进一步提升了智能化水平。目前在钢铁工业中,生产监控与调度指挥主要依靠分立在各个零散系统中的信息,以及工业电视、电话、人工上报等方式,普遍存在以下问题。

1. 数据采集局限性无法满足指挥调度需求

在钢铁生产过程中,各个分立系统通常仅采集与其生产或控制功能相关的数据,数据的分散性导致其无法形成统一的数据流。这种局限性使得分立系统在响应调度指挥的全局需求时显得力不从心。例如,生产指挥需要对整个生产线的进度、质量等进行宏观调度,而分立系统提供的数据却缺乏综合性和关联性,难以支撑全局化的分析与决策。这种信息孤岛现象阻碍了钢铁生产的协同优化和整体效率的提升。

2. 工序瓶颈难以实时发现与解决

钢铁生产包含多个工序,各工序之间的衔接对生产效率至关重要。然而,由于实时生产绩效数据的分散性,管理者无法全貌掌握各工序的生产状况。例如,若某一工序出现设备故障或生产滞后现象,管理者可能无法及时感知并采取措施。这种信息不对称性增加了生产过程中的潜在瓶颈风险,导致整体生产计划可能因局部问题而受到延误。

### 3. 关键设备运行状态难以动态掌握

钢铁生产中的设备是保障生产稳定性的核心要素,特别是某些关键设备的运行状态直接影响整个生产线的连续性。然而,传统系统的监控能力有限,无法实时动态掌握关键设备的运行状况。一旦设备出现潜在隐患或故障,往往需要人工排查才能发现,这既增加了设备维护的难度,又可能因延误处理导致生产计划的中断。

### 4. 生产计划执行情况缺乏实时跟踪

钢铁生产中的每一项计划都需要细致的跟踪和调整才能顺利完成,但目前许多系统难以提供实时的计划执行情况反馈。例如,当某一阶段的计划进度发生偏差时,管理者通常需要依赖人工汇总数据才能了解实际情况,这种延迟会降低响应速度。此外,计划执行的细节缺失还可能导致后续工序的协调困难,从而进一步降低生产效率。

### 5. 关键指标监控滞后影响生产决策

生产相关的关键指标值(如质量合格率、能耗指标等)是评估和优化生产过程的重要依据。然而,由于现有系统难以实时采集和更新这些数据,管理者往往无法迅速掌握关键指标的动态变化。这种滞后性不仅影响了生产过程中对异常情况的快速反应能力,还可能导致决策失误或延误,从而对整体生产效率和资源利用率产生不利影响。

因此,为解决上述问题,急需研制钢铁生产全流程智能协同管控系统,满足钢铁生产各个流程之间的协调性需求,并逐步实现数字化与可视化调度指挥。

## 二、钢铁生产全流程智能协同管控系统的设计需求与实现目标

钢铁生产全流程智能协同管控系统围绕解决钢铁生产过程中存在的协调性问题,充分响应用户需求,助力钢铁工业实现生产调度的数字化与可视化转型。通过构建该系统,将传统分散的数据采集与孤立的监控体系整合为一体,实现全流程的实时监控、异常预警、能源预测和生产效率优化。其设计需求主要有4个方面。

### 1. 全流程生产数据监控

钢铁冶金过程涉及多个复杂环节,包括焦化、烧结、高炉、炼钢和轧钢等,每个环节的生产数据都至关重要。为了实现全流程的数据透明化和集中化管理,本系统需要提供生产数据的集中显示与监控功能。监控的参数包括但不限于:焦化过程中的结焦时间、高炉工艺中的炉顶压力、炼钢阶段的钢种号和出钢时间等关键指标。这些数据的实时监控能够为生产过程中的问题发现与优化提供基础支持,同时为生产调度提供直观的决策依据。

### 2. 异常预警与预报

异常状况的及时反馈和动态响应是保障钢铁生产连续性的重要前提。本系统需构建异常预警与预报机制,对现场设备开停机数据进行实时监控,当系统检测到异常动态时,能够以直观的方式(如大屏幕报警提示)快速向操作人员传达信息。这一功能在铁水跟踪等生产关键环节尤为重要,可显著提升异常状况的响应速度,减少故障对生产的影响,确保整体工序的平稳运行。

### 3. 能源预测与调度辅助

钢铁生产中的能源消耗是一个极为关键的环节。系统需要结合每班或每日的生产计划数据与工艺路线,预测主要能源介质的消耗情况,帮助用户实现能源调度的辅助平衡。能源预测内容主要包括煤气和氧气的生产指标与质量指标的跟踪和统计,并支持生成多种报表,如配煤准确率统计报表和配煤量对比分析报表。能源预测功能不仅能提升能源调度的精确性,还能够有效减少能源浪费,为钢铁工业节约生产成本。

### 4. 历史数据报表与统计分析

钢铁生产中的数据不仅需要实时监控,还需要对历史数据进行系统性的管理。本系统需具备强大的历史数据报表管理功能,支持对生产数据的长期存储与统计分析。通过生成数据列表、曲线图和统计报表等,帮助用户全面了解各生产环节的长期表现,从而为优化生产工艺和提升生产效率提供依据。同时,这些历史数据也可为后续预测模型的构建和优化提供数据支持。

根据设计需求的分析,钢铁生产全流程智能协同管控系统的核心在于解决生产过程中的信息孤岛问题,并提升生产的可控性、能源利用效率和异常响应能力。为了满足这些需求,本系统需通过先进的技术手段和科学的系统架构实现一系列功能目标。以下将基于用户需求,进一步明确系统在实际构建过程中需要达到的目标。

(1)构建钢铁生产全流程智能协同管控系统。钢铁生产全流程智能协同管控系统旨在解决钢铁生产全流程中协同性不足的问题,通过覆盖焦化、烧结、高炉、炼钢和轧钢等环节,形成统一的监控与调度体系。传统监控系统分散、信息孤立,导致异常响应滞后和资源分配效率低下。该系统通过整合各环节数据,实现高效共享与协同处理,提升实时监控和异常响应能力,优化资源利用,消除管理盲区,为钢铁生产提供高效智能的管控支持。

(2)结合数据分析与机理计算,优化生产与能源管理。钢铁生产全流程智能协同管控系统将通过对钢铁生产中各工序的生产工艺与机理进行深入分析,结合实际检测值与机理计算值,利用大数据存储和挖掘技术,挖掘生产数据中的潜在价值。该系统需提供多样化的数据展示方式,包括数据列表、数据图表、自定义曲线和统计分析报表等,全面展示生产效率与能源预测结果。这些功能的实现将为生产调度和指挥提供强有力的决策支持,助力钢铁工业进一步提升生产效率和资源利用率,实现钢铁生产的智能化与精细化管理。

该系统充分考虑了实际生产中各个过程的需求和调度中心的规划，不仅解决了现有的生产协调性问题，还将为未来的智能制造奠定坚实基础，从而推动企业在行业竞争中保持领先地位。

## 三、钢铁生产全流程智能协同管控系统的架构设计

钢铁生产全流程智能协同管控系统的总体架构是实现钢铁生产全流程管控和优化的核心框架，基于物质流、能量流和信息流的整合与协同，构建功能完备、信息高度互联的体系结构。该系统的硬件架构如图7-7所示。

在钢铁生产全流程智能协同管控系统中，大部分功能都是以云数据中心数据库为基础进行实现的。数据集中的软件通过工业以太网访问生产全流程数据库和L3级MES数据库，将其中的关键数据转存到云数据中心数据库中。系统后端运行在云服务中心的Web服务器上，根据浏览器的请求，通过ADO方式读取云数据中心数据库中的数据，并将数据返回给浏览器，完成数据的查询等功能。系统前端主要在管控中心运行，根据用户操作，以浏览器为工具向前端发送数据访问请求并获得相应数据，最终实现数据的显示。由于整个系统软件采用B/S架构进行开发，因此可以在多个地点同时访问该网页，更好地实现系统的管控功能。管理人员可以在管控中心或个人办公室通过工业以太网实现对生产全流程的监控，确认当前生产状况，或查询日志，实现生产质量追溯。

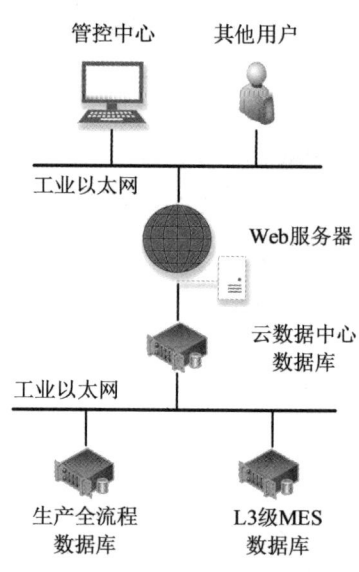

图7-7 系统的硬件架构

以上硬件架构为实现钢铁生产全流程智能协同管控提供了数据支撑。基于该架构，系统的数据库可以通过分析各流程的电文，实现各生产过程的实时数据采集与存储。L3级MES数据库主要存储各个工序的生产计划数据和实时绩效数据，包括能源数据。为了实现全流程的生产监控与协同优化，生产全流程数据库和MES数据库的关键数据会集中更新

到云数据中心数据库中,以方便相关人员对生产效益进行分析。用户在进行访问数据等操作时,会向 Web 服务器发送相应的请求。Web 服务器接收到请求后,根据请求内容读取云数据中心的生产数据,并通过数据分析和模型计算功能,得到报警信息、氧气与煤气预测产量信息、能量流和物质流调度信息等,进而指导相关人员进行生产全流程协同管控。

根据系统硬件架构和用户需求,围绕物质流、能量流和信息流的智能化调控与优化,设计了如图 7-8 所示系统的功能架构。这些功能基于大数据存储和挖掘的优势,通过分析各

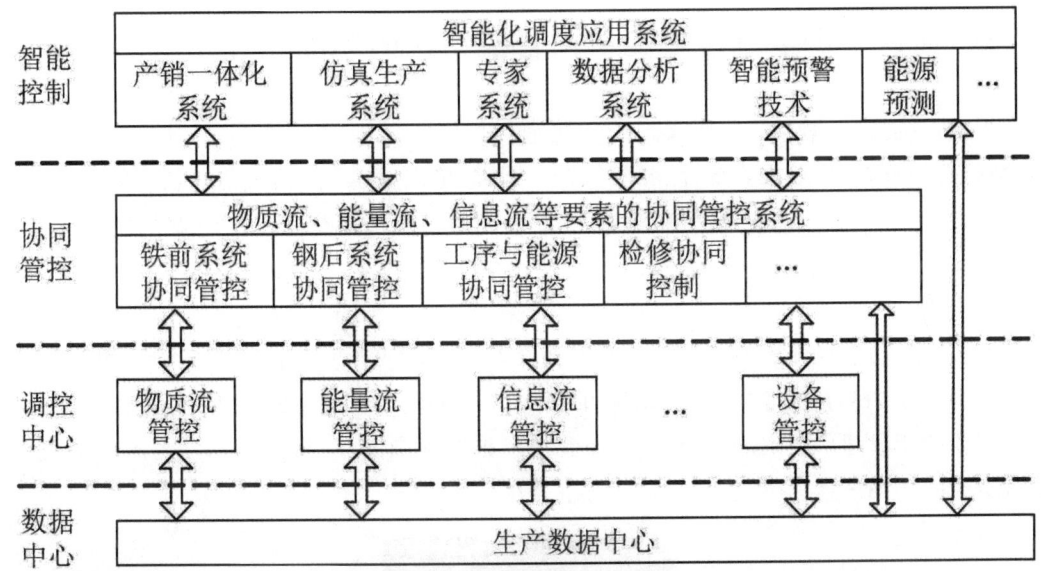

图 7-8 系统的功能架构

生产工艺和冶炼机理,将实际检测值与冶炼机理计算值相结合,以数据列表、统计分析报表、异常预警与预报、能源预测等多种方式来实现生产全流程智能协同管控系统的功能显示。同时,通过研究人工智能和机器学习方法来实现生产全流程物质流、能量流和信息流的智能协同管控。

系统的功能架构围绕物质流、能量流和信息流的智能化调控与优化展开,分为数据中心层、调控中心层、协同管控层和智能管控层 4 个层次,具体作用如下。

(1) 数据采集:数据采集通过统一的信息网络对全流程生产数据进行实时采集与存储,包括制造数据、能源数据、工艺参数、计量数据及视频信号等,构建完整的数据中心。该层次为各业务模块提供基础数据支持,并结合云服务的优势实现大数据分析、多维统计建模及专家系统支持,进一步提升数据增值能力。

(2) 物质流调控:统一协调生产全流程的物质流动,包括生产计划安排、过程调度及产品质量控制等。主要制定主工序的生产计划和准备工作的生产流程计划,实现计划执行、动态调整及应急处置的生产调度,支持生产调度相关的辅助模块等。

(3) 能量流调控:能量流调控对生产过程的电能、热能、机械能和化学能等进行统一管理,优化能量的使用、转换、回收和排放。包括制定各工序用能计划的能量计划模块,执行能

量计划并动态调整的能源调度模块,以及支持能源调度相关的辅助功能模块。

(4)信息流调控:信息流调控围绕生产相关的物质流和能量流,统一管理各类运输、加工、调度及环境信息,打破传统信息孤岛,提升信息的整合和应用能力。具体体现在2个方面:首先,结合产销一体化制定精细化生产计划,优化资源配置和库存管理,减少能量损失;其次,实时跟踪生产计划的执行情况,动态调整生产与能源的匹配度,提升生产效率和能源利用率。

## 四、钢铁生产全流程智能协同管控系统的功能设计

根据系统需求,对系统需要实现的功能进行具体实现,主要对 UI 交互性、实时监测界面、数据趋势分析、作业报表统计、异常数据判别、简单模型建立等方面进行功能的详细设计与开发,其中实时监测界面、数据趋势分析、作业报表统计都涉及模板自定义功能。

1. 参数报警功能

参数报警功能点开后即可进行参数报警设置,如图 7-9 所示。以高炉的炉顶温度为例,只需要勾选是否启用报警,并输入相应的报警值即可启动该变量的报警,然后点击确认即可。当监控变量超出设定范围,对应工序会弹出报警动画图片,将鼠标悬浮到图标上,会显示该报警的详细信息。

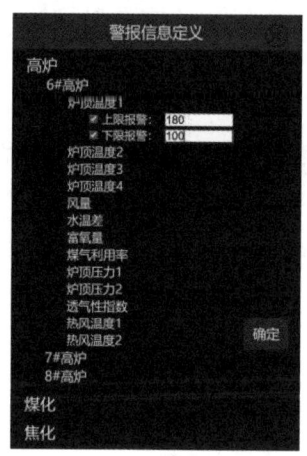

图 7-9 报警设置界面

2. 趋势预测功能

趋势预测功能对未来一段时间内关键物质的产生量与消耗量进行预测,可以协助生产调度人员对生产进行调控。打开系统趋势预测功能后,出现如图 7-10 所示界面,选择需要预测的量,再点击"预测"按钮即可进行预测。若觉得预测精度不够,可以点击"更新模型"按钮,等待约半分钟后再点击"预测"按钮,如果未出现预测结果,则表示模型还没训练完,等待

一段时间后再点击"预测"按钮即可。趋势预测界面的关闭按钮是右上角的⊗。

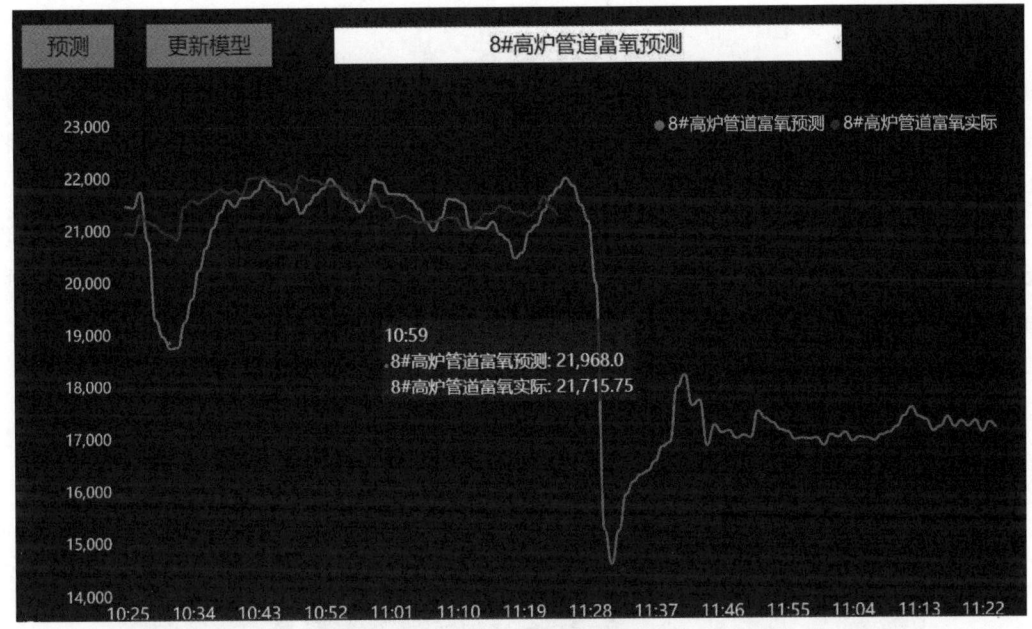

图 7-10　趋势预测界面

### 3. 生产报表功能

为全面支撑钢铁企业的生产运行和管理决策，系统提供了覆盖钢铁生产全流程的生产报表功能，涵盖炼钢、连铸、生产调度及钢铁物料平衡等关键环节。该功能通过对实时数据和历史数据的统一采集与处理，为企业提供高效、准确、可视化的生产信息展示。

系统包括 4 张核心报表，分别如下。

炼钢炉数报表：用于展示各座转炉或电炉的每日冶炼次数、冶炼节奏及产量情况，便于技术人员分析炼钢效率和设备利用率，及时掌握各炉次生产节拍，为优化冶炼计划和故障排查提供支撑。

连铸机拉速报表：记录连铸机在不同时段的实际拉速变化、各机台的启动停机情况、平均拉速等关键指标，辅助生产调度人员掌握连铸生产状态，提高连铸效率，防止发生断浇等异常情况。

生产日报：该报表对各个生产工序（如炼铁、炼钢、轧钢等）的主要产量、能耗、工艺参数进行综合统计，是企业日常管理和班组交接的基础性数据支撑工具。同时，该报表还可用于领导层每日了解生产运行状况，掌握关键产能指标的完成情况。

钢铁平衡报表：从宏观层面对铁水、废钢、生铁、成品钢等主要物料流向和转化过程进行全面记录与分析，确保物料进出平衡。该报表对于控制成本、优化原料使用结构及推动绿色制造具有重要意义。

通过上述报表功能，企业可实现对生产过程的全面监控和数据分析，提升运营透明度与管理科学性,为智能制造和精益化生产提供有力的数据支撑。

4. 历史曲线查看功能

为方便用户追溯关键工艺参数的变化趋势,系统提供了参数历史曲线查看功能。用户只需点击某一参数的名称或数值区域,系统就会自动弹出该变量的历史变化曲线,便于分析工艺稳定性和异常波动。

该功能支持对多个参数的历史曲线进行快速调用,响应迅速,界面简洁,极大提升了现场人员对实时数据的掌控效率。图 7-11 展示了参数历史曲线的典型显示效果,曲线图中可清晰查看参数随时间的变化轨迹,辅助用户进行趋势分析、波动判断及操作优化。

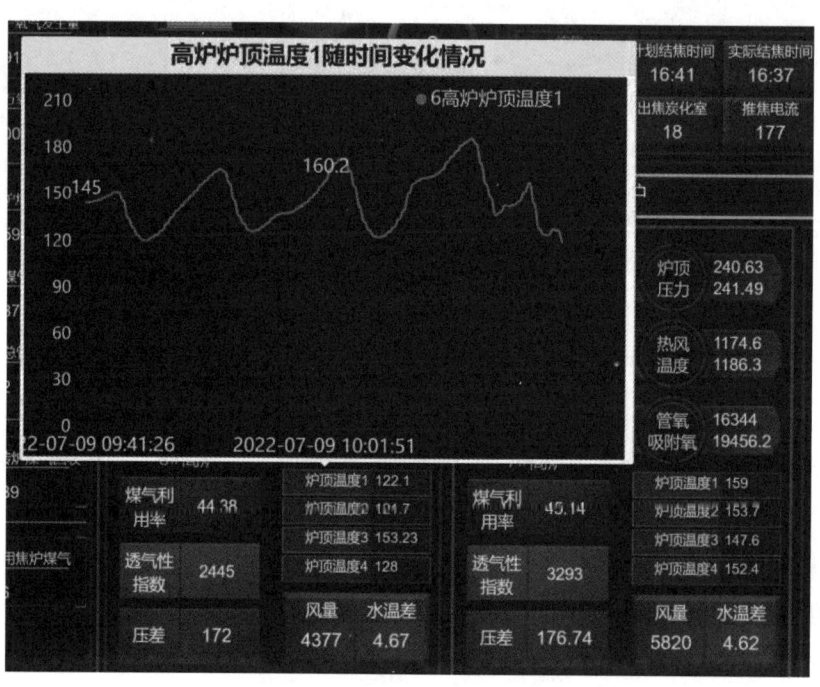

图 7-11 历史曲线查看界面

当不再需要查看历史曲线时,用户只需再次点击对应的参数名称或数值,即可关闭历史曲线图,操作简便,符合现场快速响应需求。

该功能广泛应用于炼钢、连铸、轧钢等多个环节中对于关键温度、压力、流量、拉速等变量的追踪与分析,为异常排查、质量控制和生产优化提供了有力的数据支持。

## 五、系统趋势预测功能关键理论

在实现钢铁生产智能化管理的过程中,除了对当前工况的实时监控与历史数据的追溯分析,趋势预测功能也发挥着越来越重要的作用。通过对关键参数未来变化趋势的提前预测,系统能够为调度指令、能耗控制及设备运行优化提供前瞻性的数据支持。为了更好地理解该功能的技术支撑机制,以下将以炼钢过程的转炉氧气消耗量的趋势预测为例,简要介绍系统所采用的核心理论与方法。

转炉炼钢过程中,只有吹炼阶段需要消耗氧气,因此转炉属于间歇性耗氧过程,耗氧量与吹炼时间、钢种、铁水废钢比及铁水温度都密切相关。炼钢过程主要分为兑铁、加废钢、吹炼、出钢、溅渣等过程,其中吹炼过程需要进行吹氧操作。从数据机理分析和相关性分析入手,根据不同的工艺过程特点,确定不同工艺氧气消耗的相关因素。例如,在转炉过程中,确定氧气消耗与铁水温度、铁水量、铁水废钢比等因素的相关性,将其作为氧气消耗预测的模型输入;利用神经网络、最小二乘支持向量机等数据驱动建模方法,以相关性数据作为输入,建立不同工艺下的耗氧量预测模型,获得不同工艺耗氧量。

相比于基于经验风险最小化原理的神经网络等机器学习算法,最小二乘支持向量机(least square-support vector machine,LS-SVM)算法是在标准SVM的目标函数中增加了误差平方和项,并用等式约束代替SVM不等式约束,相比于SVM,LS-SVM模型求解的计算复杂度被大大降低,更加适合在线建模问题,目前LS-SVM在非线性建模、预测控制等领域有广泛的应用。考虑到LS-SVM能够有效避免维数灾难问题,同时其泛化性能好,能有效反映淬火的物理过程,满足稳定生产的要求,并在各工业领域取得良好的应用效果。因此,本方案利用支持向量回归方法建立板形预测模型,模型结构如图7-12所示。

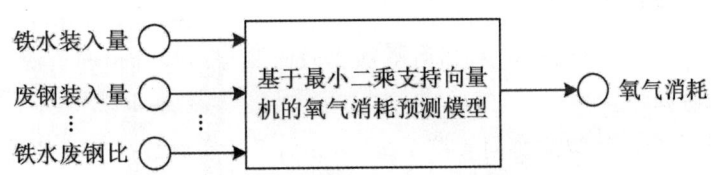

图7-12 转炉氧气消耗预测模型结构

根据氧气消耗成因分析,以特征子集$x_k(k=1,2,\cdots,n,n$为输入参数的总数)为输入集$X_i$,以对应的氧气消耗指标数据为输出集$Z_i$,得到训练集合$\{x_i,z_i\}$,其中$i=1,2,\cdots,N,N$表示输入数据对数。根据统计学理论,可将板形预测模型中的LS-SVM函数拟合问题用以下公式描述。

$$\min_{\omega,b,e} J(\omega,e) = \frac{1}{2}\boldsymbol{\omega}^T\boldsymbol{\omega} + \frac{1}{2}\gamma\sum_{i=1}^{N}e_i^2 \tag{7-2}$$
$$\text{s.t.} \quad y_i = \boldsymbol{\omega}^T\varphi(x_i)+\boldsymbol{b}+e_i, i=1,2,\cdots,N$$

式中:$\varphi(x)$为输入空间到高维空间的非线性映射,其作用是把输入的非线性数据映射到高维特征空间的线性输出;$\boldsymbol{\omega}^T$为权向量;$e_i$为误差变量;$b$为偏置;$\gamma>0$为惩罚系数。

引入拉格朗日乘子$\alpha$,利用对偶原理得到如下Lagrange函数。

$$L(\boldsymbol{\omega},b,e;\boldsymbol{\alpha}) = J(\omega,e) - \sum_{i=1}^{N}\alpha_k\{\boldsymbol{\omega}^T\varphi(x_i)+\boldsymbol{b}+e_i-z_i\} \tag{7-3}$$

式中:$\alpha_i$为拉格朗日乘子。根据KKT(karush-kuhn-tucker)条件可得

$$\begin{cases} \dfrac{\partial \boldsymbol{L}}{\partial \boldsymbol{\omega}} = 0 \Rightarrow \omega = \sum_{i=1}^{N} \alpha_i \varphi(x_i) \\ \dfrac{\partial \boldsymbol{L}}{\partial \boldsymbol{b}} = 0 \Rightarrow \sum_{i=1}^{N} \alpha_i = 0 \\ \dfrac{\partial \boldsymbol{L}}{\partial e_i} = 0 \Rightarrow \alpha_i = \gamma e_i \\ \dfrac{\partial \boldsymbol{L}}{\partial \alpha_i} = 0 \Rightarrow \boldsymbol{\omega}^{\mathrm{T}} \varphi(x_i) + b + e_i - z_i = 0 \end{cases} \quad (7\text{-}4)$$

本方案选择径向基函数为核函数 $K(x_i,x)$,可得 LS-SVM 拟合模型为

$$f(x) = \sum_{i=1}^{N} \alpha_i K(x_i,x) + b \quad (7\text{-}5)$$

## 思考题

1. 在铁前大数据系统中,如何保证不同工序之间的数据一致性与协调性?

2. 如何通过离线数据分析平台优化铁前工艺与决策支持?

3. 数据存储和管理层如何在实时数据库与关系数据库之间动态分配数据存储,以满足不同类型数据的存储和访问需求?

4. 在系统功能的扩展性设计中,如何平衡实时监测与离线分析的资源分配,确保两者在数据处理上的协调与互补?

5. 在钢铁生产全流程智能协同管控系统中,如何平衡实时数据交互的效率与云数据中心的大规模数据存储需求?

6. 如何引入机器学习模型实现物质流和能量流的动态优化?

7. 数据采集模块应该考虑哪些因素,才能尽可能确保生产过程中的数据完整性和实时性?

8. 针对不同生产过程数据的时间尺度不一致问题,如何设计系统的数据处理机制以保证数据的同步性和分析结果的准确性?

## 主要参考文献

冯力力,彭军,黄兆军,2022.钢铁生产全流程智能协同管控系统设计与应用[J].冶金自动化(3):1-11.

郝飞,庄怀东,陈根军,等,2021.高炉煤气调度决策分析系统设计与开发[J].冶金自动化,45(2):37-44.

徐化岩,杨涛,2019.钢铁企业能源介质预测模型及应用[J].冶金自动化,43(1):59-63,76.

杨恒,田坤,常亮,等,2020.基于大数据分析的可视化预测性运维系统实现[J].冶金自

动化,2020,44(1):44-47+73.

袁晴棠,殷瑞钰,曹湘洪,等,2020. 面向 2035 的流程制造业智能化目标、特征和路径战略研究[J]. 中国工程科学,22(3):148-156.

HAN Z, ZHAO J, WANG W, et al., 2016. A two-stage method for predicting and scheduling energy in an oxygen/nitrogen system of the steel industry[J]. Control Engineering Practice, 52:35-45.

MA S, ZHANG Y, LV J, et al., 2019. Energy-cyber-physical system enabled management for energy-intensive manufacturing industries[J]. Journal of Cleaner Production, 226:892-903.

SUN W, WANG Q, ZHOU Y, et al., 2020. Material and energy flows of the iron and steel industry: status quo, challenges and perspectives[J]. Applied Energy, 268:114949.

ZENG Y, XIAO X, LI J, et al., 2018. A novel multi-period mixed-integer linear optimization model for optimal distribution of byproduct gases, steam and power in an iron and steel plant[J]. Energy, 143:881-899.

ZHANG S H, YI B W, WORRELL E, et al., 2019. Integrated assessment of resource-energy-environment nexus in China's iron and steel industry[J]. Journal of Cleaner Production, 232:235-249.